掌控 STEAM 基础
创意硬件编程

林大华 编著

科学出版社

北京

内 容 简 介

人工智能已经成为推动科学技术和国民经济发展的重要力量。为帮助青少年读者深入理解并有效应用这一前沿技术，提升跨学科思维和综合能力，本书基于掌控板和适用于中小学生的图形化编程，结合声、光、动画、音乐、美术等多元化主题，设计与人工智能相关的项目式学习案例。

本书共12课，每课包含"基础我来学"和"进阶我会用"两大模块。读者可以依托模块中的"准备清单"与"快速指引"，概览案例全貌；通过"操作步骤"与"参考程序"，掌握人工智能知识和应用方法；借助"小贴士"与"知识库"，扩充相关知识；最后在"脑洞大开"中，激发无限的思维创造力。

本书不仅适合有图形化编程基础的青少年阅读，也是STEAM教育工作者、信息技术兴趣社团等的参考资料。

图书在版编目（CIP）数据

掌控STEAM基础，创意硬件编程 / 林大华编著. 北京：科学出版社，2024. 7. -- ISBN 978-7-03-079071-2

Ⅰ．TP311.1-49

中国国家版本馆CIP数据核字第2024L5Z979号

责任编辑：许寒雪 杨 凯 / 责任制作：周 密 魏 谨
责任印制：肖 兴 / 封面设计：郭 媛

科 学 出 版 社 出版

北京东黄城根北街16号
邮政编码：100717
http://www.sciencep.com

三河市春园印刷有限公司印刷

科学出版社发行 各地新华书店经销

*

2024年7月第 一 版 开本：720×1000 1/16
2024年7月第一次印刷 印张：8
字数：115 000

定价：52.00元
（如有印装质量问题，我社负责调换）

STEAM　序言

　　与林老师第一次见面是在 2019 年 11 月的 STEAM 教育课程研究开题报告会上。那是广西壮族自治区的课题启动会，他作为组织者，通过掌控板这一媒介，邀请我在会上做报告。

　　我有幸在会上分享自己的心得，也有幸聆听了林老师做的报告。他对开发 STEAM 教育课程和在广西壮族自治区推动 STEAM 教育的开展见解独到。更重要的是，我们有一个共识：在 STEAM 教育中，开源硬件可以更好地支撑项目式学习的进行。

　　会议结束后，我们自然而然地进行了深入的交流。我发现林老师不仅是教育行政领域的优秀工作者，更是 STEAM 教育的资深研究者和实践者。自 2015 年起，他便持续关注我国 STEAM 教育大会及相关行业的发展动向。随着话题的深入，我们发现彼此的朋友圈重合度很高，有许多共同的朋友。而后，林老师分享他在闲暇之余不仅会自己设计课程，还会带着孩子制作创客作品。这让我们的对话轻松起来，我顿时有了一种创客圈网友线下见面的感觉。我对林老师的称呼也随之变为林大。我感谢掌控板，让我与能亲自躬耕到行业深处的教育者——林大结缘。

　　林大在 STEAM 教育上一直保持着极高的热情，他致力于在广西壮族自治区开辟一条宽阔的 STEAM 教育之路。多年来，林大组织了多场与 STEAM 教育相关的活动。从活动成果来看，广西壮族自治区的 STEAM 教育水平不亚于其他省份。本书中的案例，便是从近几年广西壮族自治区 STEAM 教育的实践中精选出来的。我相信，这本书能为广大在开源硬件学习之路上探索的师生提供帮助。

在此，我想特别感谢林大对国产开源硬件——掌控板的支持与认可，这无疑给我们的发展注入了动力。作为掌控板的"项目经理"，我深感荣幸，见证了越来越多的教师选择掌控板，以之作为实施 STEAM 教育和人工智能教育的有力工具。

最后，借由林大的新书，我真诚地向所有掌控板的支持者表达感谢。因为有你们的支持，掌控板才能成为更懂学生、更懂教师、更懂教育、更懂中国的开源硬件。

深圳盛思科教文化有限公司

董事长　余翀

2024 年 6 月于深圳

STEAM　　　　　　　前言

　　在这个令人着迷的新时代，人工智能（AI）已经渗透到我们生活的方方面面。在这场智能革命的浪潮中，我们每个人不仅是见证者，更是参与者，一起书写着历史的新篇章。

　　AI的崛起，不仅是一场技术革命，更是一场思维方式的变革。它促使我们重新审视人与机器的关系，思考如何与智能机器和谐共生。从自动驾驶到智能家居，从智能医疗到在线教育，AI为人类带来了前所未有的机遇。它能够帮助我们解决许多棘手的问题，提高生产效率，改善生活质量。在交通领域，自动驾驶技术让出行更加便捷；在家居领域，物联网技术实现了家居设备的互联互通，丰富了人机交互体验，提升了生活舒适度；在医疗领域，AI辅助诊断可以提高诊断的准确性和效率；在教育领域，个性化学习模式的推广，让更多的孩子能够找到适合自己的教育方式。然而AI在不断改变我们生活方式的同时，也迎来了诸多挑战。数据隐私、伦理道德、就业冲击等问题逐渐浮现。在这一背景下，教育工作者承担着传授应对未来挑战必备技能的重要使命，如培养学生的数据素养、伦理道德观念、创新思维等，以帮助他们更好地掌控未来。

　　本书依据STEAM教育理念，设计项目式学习案例，从探索声和光的基本属性出发，利用国产开源硬件掌控板与图形化编程软件 mPython，将声和光以图像和数值的直观方式具象化。随后，本书结合动画、语音、灯光、音乐、美术、游戏等多元化主题，构建了多个学习案例，旨在引导读者通过亲手实践硬件编程，深入体验人工智能应用的魅力，并掌握相关的知识与技能。

在这个智能时代，我们每个人都有责任和义务去关注 AI 的发展。我们需要学习相关知识，提高自身素质。希望本书除了能让读者学到知识，还能够引发读者对 AI 的关注和思考。未来，AI 将继续引领科技发展的潮流。它将与物联网、区块链等新技术深度融合，为我们创造更加智能、便捷的生活。我们有理由相信，在不远的将来，AI 将成为推动社会进步的重要力量。让我们以和谐共生的积极态度，在这个智能时代迎接挑战，为 AI 的健康发展开拓坦途吧。

林大华
2024 年 7 月

STEAM

目 录

声音的样子

大自然中，各种各样的声音交织在一起，构成一曲美妙绝伦的自然交响曲。在听到声音的同时，大家是否好奇声音是什么样子的呢？我们来一起看看吧！

基础我来学 显示声音图像

声音是由物体振动产生的。物理学中，把正在发声的物体叫作声源。声音以声波的形式，通过介质（气体、固体、液体）传播。人耳可识别到的声波频率为 20Hz ~ 20kHz。

我们使用准备清单中的材料和软件，一起将声音图像（声波图）显示出来吧！

准备清单

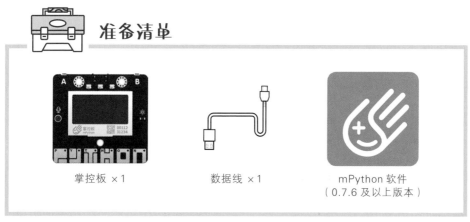

掌控板 ×1　　　　　数据线 ×1　　　　　mPython 软件
　　　　　　　　　　　　　　　　　　（0.7.6 及以上版本）

注：掌控板和 mPython 软件的使用方法可在"盛思"的官方网站获取。

快速指引

① 初始化图表列标题。

② 打印声音值。

③ 设置程序停止条件。

 操作步骤

① 初始化图表列标题。使用"初始化图表列标题"积木，将标题设为"声音图像"。

② 打印声音值。使用"打印数据到图表"积木，将获取的声音值实时打印到 mPython 软件右上角的探究区（控制台上方的区域）。靠近掌控板的声音越大，声音值越大，反之声音值越小，声音值的范围是 0 ~ 4095。

> **小贴士**
>
> 为了更好地观察声音图像，使用"等待××　××"积木每隔 20 毫秒打印一次声音值。

③ 设置程序停止条件。使用"重复直到"积木，设置当"按键 A 已经按下"时，停止打印声音值。

> **小贴士**
>
> "重复直到"积木右侧接的是结束循环的条件。

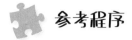 **参考程序**

小贴士

程序要烧录到掌控板中使用。烧录前，需要用数据线将掌控板连接至计算机。

小贴士

烧录完成后，按下按键 A，获取声音值，便可得到"声音图像"。

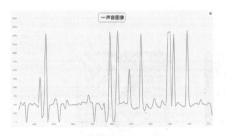

知识库

在自然界的多彩画卷中，机械波以其独特的方式展现着魅力。机械波是由机械振动在介质中传播而形成的，包括地震波、水波、声波、弹性波、超声波等。这些波在我们的日常生活和科学研究中发挥着不可或缺的作用。例如，科学家通过解析地震波来洞察地球内部的复杂结构；航海员通过观察水波来提升航海运输的效率和安全性；气象工作者通过监测声波及其他气象数据来预测台风、雷暴、沙尘暴等自然灾害的发生。机械波无疑为我们揭示了世界的许多奥秘。

脑洞大开

除了声音，还有哪些是我们能感知却无法直观看到的存在？如温度、湿度等无形的存在，我们能否借助掌控板和 mPython 软件将它们显示出来呢？不妨尝试一下吧！

进阶我会用　声音的传播

　　中国人很早就创造出了电话的原型——传声筒（俗称土电话）。这一传统的通信工具，通过简单的物理原理，实现了声音在一定距离内的传播。传声筒构造极为朴素，由一条棉线连接两个纸杯构成。使用时，两人各持一个纸杯，并分开一定的距离，将棉线绷紧。当其中一人对着纸杯讲话时，其声带的振动首先引起周围空气的振动，形成声波，随后声波引起棉线振动，进而带动另一个纸杯中的空气振动，最终声音被传播至另一个人的耳中。那么，通过传声筒传播声音和直接通过空气传播声音有什么区别呢？

　　我们使用准备清单中的材料和软件，一起探究一下吧！

准备清单

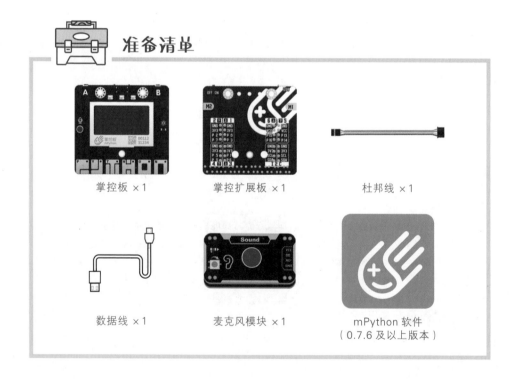

掌控板 ×1　　　　　掌控扩展板 ×1　　　　　杜邦线 ×1

数据线 ×1　　　　　麦克风模块 ×1　　　　　mPython 软件
　　　　　　　　　　　　　　　　　　　　　（0.7.6 及以上版本）

① 连接麦克风模块。

② 初始化图表列标题。

③ 打印声音值并设置起止条件。

④ 计算并打印声音值总和。

⑤ 制作传声筒。

⑥ 进行实验并记录数据。

 操作步骤

① 连接麦克风模块。根据正确的引脚对应关系，先将掌控板和掌控扩展板插到一起，再将麦克风模块连接至掌控扩展板的 P0 引脚；在 mPython 软件左侧的"扩展"中，点击"传感器"分类，加载"麦克风"模块；使用"麦克风 模拟值 引脚"积木连接 P0 引脚。

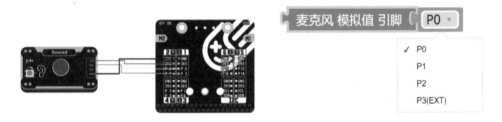

小贴士

　　"麦克风 模拟值 引脚 ××"积木可选引脚为 P0、P1、P2，因为麦克风模块的 A0 引脚与掌控板的 P0 引脚连接，所以此处选择 P0。

② 初始化图表列标题。使用"初始化图表列标题"积木，将标题设为"声音的传播实验"。

　　　　🔅 初始化图表列标题　　❝ 声音的传播实验 ❞

③ 打印声音值并设置起止条件。使用"打印数据到图表"积木，将获取的声音值实时打印到 mPython 软件右上角的探究区；使用"当按键 ×× 被 ×× 时"积木设置"当按键 A 被按下时"，开始打印声音值；使用"重复直到"积木，设置"按键 B 已经按下"为停止打印声音值的条件；使用"等待 ×× ××"积木每隔 200 毫秒打印一次声音值。

④ 计算并打印声音值总和。新建用于表示声音值的变量 S，并设其初始值为 0；新建用于表示声音值总和的变量 Z，同样设其初始值为 0。使变量 Z 的值等于所有变量 S 的值的和。最后将声音值总和打印在探究区。

⑤ 制作传声筒。使用适当的工具在两个纸杯底部各钻一个与棉线粗细相匹配的小孔，将棉线两头分别穿过这两个小孔，并在纸杯内部将棉线的末端打结。

⑥ 进行实验并记录数据。准备一段实验用的音频；两人各持一个纸杯，并分开一定的距离，将棉线绷紧，其中一人对着纸杯使用声音播放设备播放实验音频，另一人将麦克风模块放入另一个纸杯中，按下掌控板的按键 A，10 秒后按下按键 B，声音值被打印在探究区，程序自动计算声音值总和，实验者将声音值总和记录在实验记录表中，重复实验 3 次；两人不挪动位置，放下传声筒，直接使用声音播放设备和掌控板进行实验，同样将声音值总和记录在实验记录表中。

实验记录表

实验名称	声音值总和
传声筒的声音传播	第一次：
	第二次：
	第三次：
空气的声音传播	第一次：
	第二次：
	第三次：

小贴士

为确保实验结果的可靠性，实验音频最好是同一音调的长音频。

根据实验数据，我们可以看到，使用传声筒传播声音时，声音值总和更大。这说明声音在固体中的传播比在气体中的传播效果好。原因是声音在固体中的传播速度比在气体中的快，能量损失小。

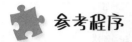

参考程序

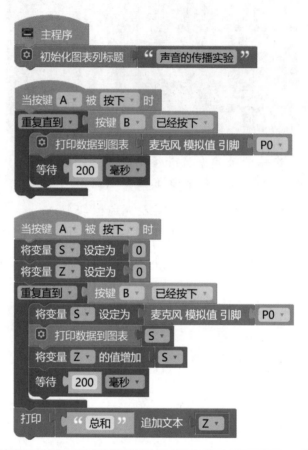

知识库

声音的传播需要一种名为介质的物质作为载体。介质是多种多样的，如坚硬的铁管、清澈的水流、我们呼吸的空气等。因为真空环境中缺乏可以传播声音的介质，所以声音在真空环境中无法传播。

声音的传播速度在不同介质中有所差异，通常遵循这样一个规律：$V_固 > V_液 > V_气$。在15℃的恒定温度环境中，声音在钢铁（固体）中的传播速度可达 5200m/s，在清水（液体）中的传播速度可达 1500m/s，在空气（气体）中的传播速度可达 340m/s。而温度也会对声音的传播速度产生影响，在 25℃的恒定温度环境中，声音在空气（气体）中的传播速度可达 346m/s。

声音在不同介质中的传播速度差异，不仅带来了听觉上的变化，还催生了声音的反射与折射现象。当声音在传播过程中遇到无法穿透的障碍物时，它便会返回到原来的介质中，我们称这种现象为反射。当声音在传播过程中遇到不同介质时，由于传播速度的变化，传播方向会发生偏折，我们称这种现象为折射。

看得见的光

光源，作为宇宙间散发能量的奇妙存在，既是自然世界的恩赐，也是人类智慧的结晶。从炽热的太阳到温暖的烛光，再到明亮的灯光，光源以其独特的方式照亮了我们的世界。它们不仅为我们提供了视觉上的便利，更在无形中塑造氛围，提高我们的情绪。我们一起来探究看得见的光吧！

基础我来学 光强与距离的关系

掌控板的右侧配有一个光线传感器。这个传感器由光敏元件组成，能够感知外界环境中的光强变化。

我们使用准备清单中的材料和软件，一起研究如何以图像的形式展示光强与距离的关系吧！

准备清单

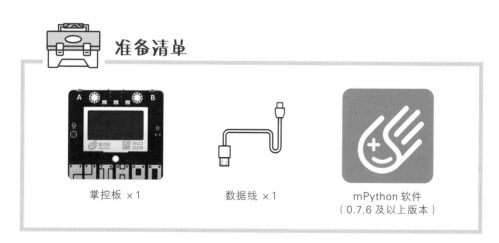

掌控板 ×1   数据线 ×1   mPython 软件
（0.7.6 及以上版本）

快速指引

① 初始化图表列标题。

② 设置打印光线值的条件。

③ 移动光源，得到图像。

 操作步骤

① 初始化图表列标题。使用"初始化图表列标题"积木，将图片标题设为"光强与距离的关系"。

② 设置打印光线值的条件。使用"当按键×× 被××时"积木，设置打印光线值的条件是按键 A 被按下；使用"打印数据到图表"积木，将获取的光线值实时打印到 mPython 软件右上角的探究区。光强越大，光线值越大，反之光线值越小，光线值的范围是 0～4095。

③ 移动光源，得到图像。固定掌控板，移动光源，并多次按下按键 A 记录不同光源位置的光线值，得到图像。通过分析图像，我们可以看出，光源距离掌控板越近，光线值越大，反之越小，也就是说光强与距离成反比。

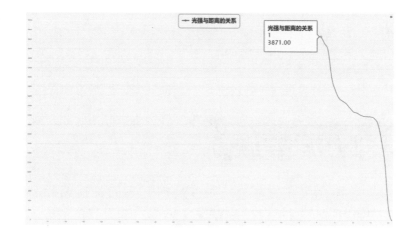

 参考程序

知识库

　　光是一种电磁波。我们日常所说的"光"，通常是指可见光，其波长范围是 380～780nm。然而光还包括了紫外线、红外线、无线电波、X 射线和 γ 射线等不可见的电磁辐射。

　　光具有许多特性，如直线传播、反射、折射、干涉和衍射等。这些特性使得光在物理学、天文学、工程学等领域具有广泛的应用。例如，我们可以通过光的直线传播和反射原理设计望远镜、显微镜和相机等。

　　物理学上，将能够发出一定波长范围的电磁波的物体叫作光源，描述光源发出光能量多少的物理量叫作光强。光强等于光源在单位时间、单位面积上发出的光的能量。因此，光强越大，表示光源在单位时间、单位面积上发出的光的能量越多，光源看起来就越亮。

　　光强的大小不仅与光源本身有关，还与观察者所处的位置和观察条件有关。例如，观察者距离光源越近，观察到的光强就越大；观察者使用放大镜等光学仪器比不使用时观察到的光强大。

脑洞大开
我们还能用掌控板探究光的哪些特性呢？

进阶我会用 光的折射

当光从一种介质斜射入另一种介质时，它的传播路径会发生改变，这种现象就是光的折射。值得注意的是，不同颜色的光在折射时会有不同的偏折角度。想象一下雨后的情景，阳光遇到空气中的水滴，发射偏折，形成了我们常见的彩虹。

我们使用准备清单中的材料和软件，一起探究光的折射吧！

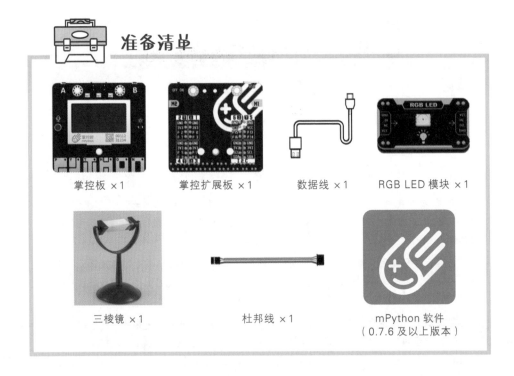

准备清单

掌控板 ×1　　掌控扩展板 ×1　　数据线 ×1　　RGB LED 模块 ×1

三棱镜 ×1　　杜邦线 ×1　　mPython 软件
（0.7.6 及以上版本）

快速指引

① 连接 RGB LED 模块。

② 编写程序使 RGB LED 模块亮不同颜色的光。

③ 进行实验并记录结果。

 操作步骤

① 连接 RGB LED 模块。根据正确的引脚对应关系，先将掌控板和掌控扩展板插到一起，再将 RGB LED 模块连接至掌控扩展板的 P13 引脚；在 mPython 软件左侧的"扩展"中，点击"执行器"分类，加载"NeopixelRGB 灯"模块；使用"灯带初始化 名称 ×× 引脚 ×× 数量 ××"积木连接 P13 引脚。

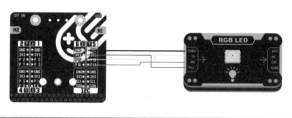

> **小贴士**
>
> "灯带初始化 名称 ×× 引脚 ×× 数量 ××"积木可选引脚为 P8、P13、P14、P15、P16，因为我们是将 RGB LED 模块与掌控扩展板的 P13 引脚连接的，所以此处选择 P13。

> **小贴士**
>
> RGB LED 模块的左侧引脚用于连接掌控扩展板，右侧引脚用于连接下一个 RGB LED 模块。

② 编写程序使 RGB LED 模块亮不同颜色的光。使用"当按键×× 被 ×× 时"积木、"灯带 ×× ×× 号 红 ×× 绿 ×× 蓝 ××"

积木和"灯带 ×× 设置生效"积木，设置当按键 A 被按下时，RGB LED 模块亮白光；当按键 B 被按下时，RGB LED 模块熄灭；当触摸键 P 被触摸时，RGB LED 模块亮红光；当触摸键 T 被触摸时，RGB LED 模块亮绿光；当触摸键 O 被触摸时，RGB LED 模块亮蓝光。

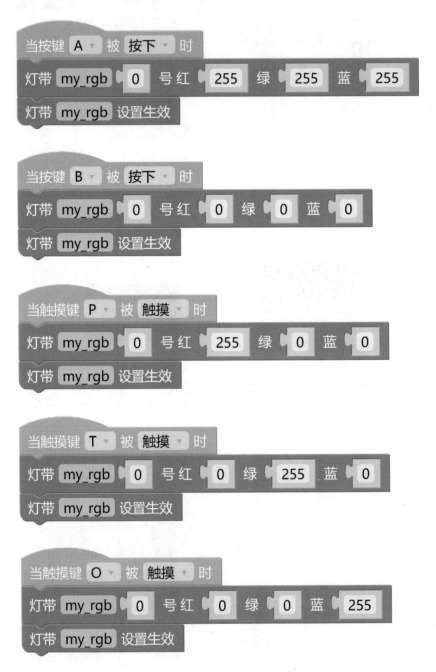

③ 进行实验并记录结果。在黑暗的环境下进行实验，按下按键 A，并分别触摸触摸键 P、O、T，观察不同光通过三棱镜后的颜色，将实验结果记录在实验记录表中，最后按下按键 B，熄灭 RGB LED 模块。

实验记录表

RGB LED 模块	通过三棱镜后的颜色
亮白光	
亮红光	
亮绿光	
亮蓝光	

根据实验结果，我们可以看到白光通过三棱镜后呈现红、绿、蓝等颜色，而红光、绿光、蓝光通过三棱镜后呈现的颜色依旧是红、绿、蓝。这说明白光是由多种颜色的光组成的复色光。

参考程序

当触摸键 P 被 触摸 时
灯带 my_rgb 0 号红 255 绿 0 蓝 0
灯带 my_rgb 设置生效

当触摸键 T 被 触摸 时
灯带 my_rgb 0 号红 0 绿 255 蓝 0
灯带 my_rgb 设置生效

当触摸键 O 被 触摸 时
灯带 my_rgb 0 号红 0 绿 0 蓝 255
灯带 my_rgb 设置生效

知识库

　　三棱镜是一种由透明材料制成的光学仪器。光通过三棱镜时会发生折射。三棱镜可使复色光分解为红、橙、黄、绿、蓝等颜色。这一特性使得三棱镜在物理、化学、天文学、生物学等多个学科领域具有广泛的应用，如实验教学、光谱分析、光学仪器校正等。

知识库

　　三原色，即红（Red）、绿（Green）、蓝（Blue），是色彩理论中的基本概念，也是光的三原色。它们之所以被称为"原色"，是因为它们无法通过其他颜色混合产生，但却可以组合出所有可见光谱中的颜色。

　　RGB LED 模块集成了红、绿、蓝三种颜色的 LED。这些 LED 距离非常近。我们可以基于三原色的色彩理论，通过设置不同颜色 LED 的亮度值（范围：0 ~ 255），得到不同颜色的灯光。

　　例如，当 R=255，G=0，B=0 时，RGB LED 模块会亮红光；当 R=255，G=255，B=0 时，RGB LED 模块会亮黄光（红光和绿光会组合成黄光）；当 R=0，G=255，B=0 时，RGB LED 模块会亮绿光。不同的亮度值组合，为 RGB LED 模块带来了无限的创意空间。

第 **3** 课

动画初体验

随着科技的飞速发展，我们已经能够在高分辨率的显示屏上欣赏有趣的动画片。这些动画片由多张图片组成并按帧播放。现在，让我们一起使用 OLED 显示屏显示文字和图片，并尝试基于这一原理制作一个有趣的小应用。

基础我来学 **显示文字和图片**

掌控板上的 OLED 显示屏不仅能显示文字还能显示图片。

我们使用准备清单中的材料和软件，一起看看如何显示文字和图片吧！

准备清单

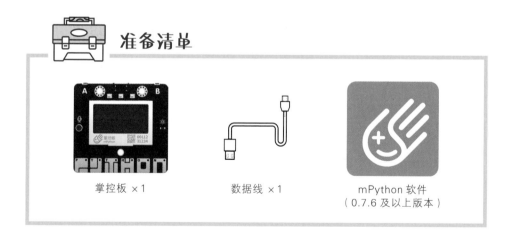

掌控板 ×1   数据线 ×1   mPython 软件
（0.7.6 及以上版本）

快速指引

① 清空 OLED 显示屏。

② 在 OLED 显示屏上显示文字。

③ 在 OLED 显示屏上显示图片。

④ 自动切换显示。

 操作步骤

① 清空 OLED 显示屏。使用"OLED 显示 ××"积木清空 OLED 显示屏。

> OLED 显示 清空 ▾

② 在 OLED 显示屏上显示文字。使用"显示文本 x ×× y ×× 内容 ×× 模式 ×× ××"积木和"OLED 显示生效"积木，在 OLED 显示屏上显示"开心每一天"。

> **小贴士**
>
> 　掌控板 OLED 显示屏的分辨率是 128 像素 ×64 像素，左上角的坐标为（0,0），x 坐标的取值范围是 0~127，y 坐标的取值范围是 0~63。
>
> 　普通模式的汉字在 OLED 显示屏中的大小是 12 像素 ×16 像素。

③ 在 OLED 显示屏上显示图片。使用"在坐标 x y 显示图像"积木、"内置图像 ×× 模式 ××"积木和"OLED 显示生效"积木，显示掌控板的内置图像。显示前需要使用"OLED 显示 ××"积木清空 OLED 显示屏上的文字。

点击切换内置图像

小贴士

点击"内置图像 ×× 模式 ××"积木中的下拉单可以切换内置图像。每个图像在 OLED 显示屏中的大小可以在积木上看到，本步骤中选择的图像的大小是 64 像素 ×64 像素。

④ 自动切换显示。使用"等待 ×× ××"积木，设置显示文字 2 秒后自动显示图片。

 参考程序

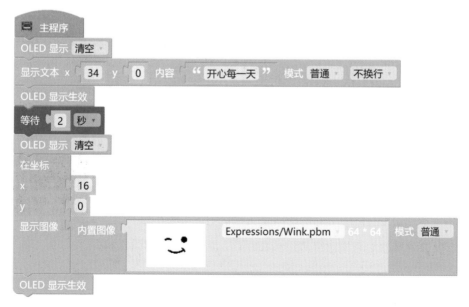

脑洞大开

你能让 OLED 显示屏自动切换显示不同的内置图像吗？

进阶我会用　变脸魔术

变脸是川剧的独特表演技巧，演员通过快速变换脸谱，展示人物内心的变化，令人叹为观止。

我们使用准备清单中的材料和软件，一起制作变脸魔术小应用吧！实现当掌控板向不同方向倾斜时，OLED 显示屏显示不同的表情。

准备清单

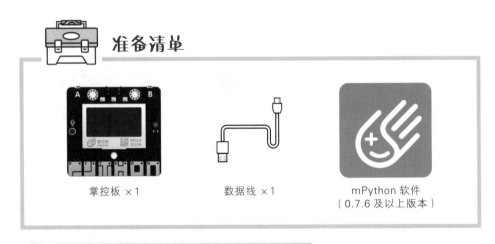

掌控板 ×1　　　　数据线 ×1　　　　mPython 软件
　　　　　　　　　　　　　　　　（0.7.6 及以上版本）

快速指引

① 显示提示语。

② 设置初始显示的表情。

③ 实现掌控板向左倾斜时切换表情的功能。

④ 实现掌控板向右倾斜时切换表情的功能。

⑤ 实现掌控板向前倾斜时切换表情的功能。

⑥ 实现掌控板向后倾斜时切换表情的功能。

 **操作步骤**

① 显示提示语。使用"OLED 显示 ××"积木、"显示文本 x××
y×× 内容 ×× 模式 ×× ××"积木、"OLED 显示生效"积木，
在 OLED 显示屏显示"变脸魔术即将开始""认真看哦！"并使用
"等待 ×× ××"积木让文字在 OLED 显示屏上显示 2 秒。

② 设置初始显示的表情。演员在表演变脸时脸上会有一张初始
的脸谱，我们使用"OLED 显示 ××"积木、"在坐标 x y 显示图
像"积木和"内置图像 ×× 模式 ××"积木，也设置一个初始显示的
表情。

③ 实现掌控板向左倾斜时切换表情的功能。使用"如果"积木，
判断掌控板是否向左倾斜，如果是则显示内置图像"生气"。

④ 实现掌控板向右倾斜时切换表情的功能。使用"如果"积木，判断掌控板是否向右倾斜，如果是则显示内置图像"笑脸"。

⑤ 实现掌控板向前倾斜时切换表情的功能。使用"如果"积木，判断掌控板是否向前倾斜，如果是则显示内置图像"伤心"。

⑥ 实现掌控板向后倾斜时切换表情的功能。使用"如果"积木，判断掌控板是否向后倾斜，如果是则显示内置图像"惊讶"。

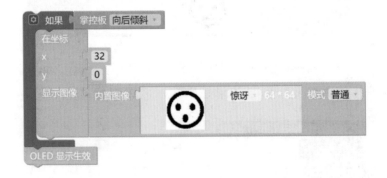

小贴士

最后使用"OLED 显示生效"积木，确保这些内置图像均能成功显示在 OLED 显示屏上。

参考程序

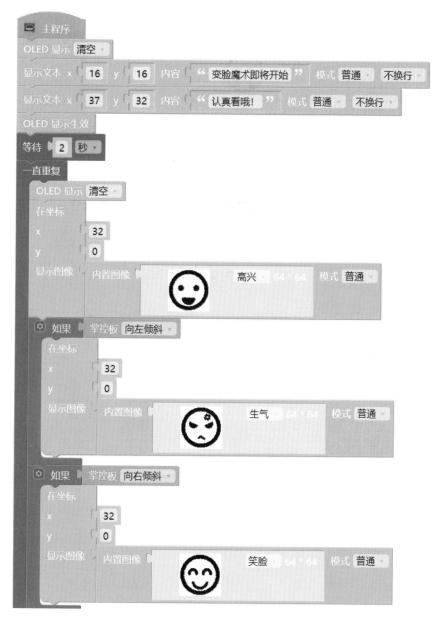

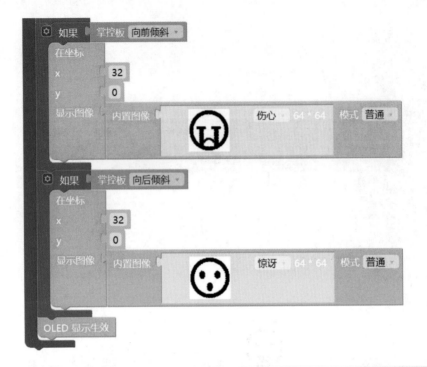

小贴士

　　使用"一直重复"积木循环实现掌控板向不同方向倾斜时切换表情的功能。

第 4 课

玩转语音识别

语音识别技术，也被称为自动语音识别（automatic speech recognition，ASR）。其目标是将人类语音中的词汇内容转换为计算机可读的输入，例如按键、二进制编码或者字符序列。语音识别技术涉及多个学科，包括信号处理、模式识别、概率论、信息论、生理声学、人工智能等。它与人机自然交互技术紧密相关，可提升人机用户的使用体验。我们一起来探索语音识别吧！

基础我来学 语音转文本技术

语音转文本（speech to text，STT）技术是将语音输入转换为文本输出的技术，可以看作语音识别技术的具体应用或实现方式。

我们使用准备清单中的材料和软件，一起体验语音转文本技术吧！实现当按键 A 被按下时，RGB 灯（掌控板板载的 RGB LED，编号从左到右为 0、1、2）亮红光，掌控板开始识别环境中的语音，随后 OLED 显示屏显示识别结果，RGB 灯熄灭。

准备清单

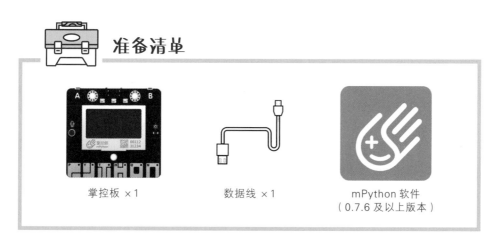

掌控板 ×1　　　　　数据线 ×1　　　　　mPython 软件
（0.7.6 及以上版本）

快速指引

① 连接 Wi-Fi。

② 显示提示语。

③ 设置 RGB 灯的颜色及被点亮的条件。

④ 实现语音转文本功能和灭灯功能。

 操作步骤

① 连接 Wi-Fi。我们需要使用"讯飞开放平台"的在线语音识别技术完成探究，因此要使用 mPython 软件中的"连接 Wi-Fi 名称 ×× 密码 ××"积木，将掌控板联网。

> 连接 Wi-Fi 名称 你的Wi-Fi名称 密码 你的Wi-Fi密码

② 显示提示语。先使用"OLED 显示 ××"积木，清空 OLED 显示屏；再使用"OLED 第 ×× 行显示 ×× 模式 ×× ××"积木，设置在 OLED 显示屏的第 1 行显示提示语"按下 A 键开始识别"；最后使用"OLED 显示生效"积木使显示生效。

③ 设置 RGB 灯的颜色及被点亮的条件。使用"设置 ×× RGB 灯颜色为 ××"积木，设置 0 号 RGB 灯的颜色为红色，并使用"当按键 ×× 被 ×× 时"积木，设置 RGB 灯被点亮的条件是按键 A 被按下。

④ 实现语音转文本功能和灭灯功能。在 mPython 软件左侧的"扩展"中,点击"AI"分类,加载"讯飞语音"模块。使用"开始录音录音时长 ×× 秒"积木、"将录音结果进行识别"积木、"OLED 第 ×× 行显示 ×× 模式 ×× ××"积木、"OLED 显示生效"积木,实现语音转文本功能,并在 OLED 显示屏的第 2 行显示识别结果。最后使用"关闭 ×× RGB 灯"积木,设置在显示识别结果后,熄灭 0 号 RGB 灯。

小贴士

因为在录音及识别录音结果的过程中,要一直按着按键 A,松开按键 A,OLED 显示屏会立刻显示识别结果,所以我们使用"OLED 第 ×× 行显示 ×× 模式 ×× ××"积木,在 OLED 显示屏的第 1 行显示提示语"松开 A 键结束识别"。

小贴士

录音时长设置为 2 秒是为了减少识别出错的概率,因为过长的录音时间会增加识别的难度。此外,由于网络对识别录音结果的影响较大,建议在良好的网络环境下进行识别。

 参考程序

主程序

连接 Wi-Fi 名称 你的Wi-Fi名称 密码 你的Wi-Fi密码

OLED 显示 清空

OLED 第 1 行显示 " 按下A键结束识别 " 模式 普通 不换行

OLED 显示生效

当按键 A 被 按下 时

设置 0 # RGB 灯颜色为

OLED 显示 清空

OLED 第 1 行显示 " 松开A键结束识别 " 模式 普通 不换行

开始录音 录音时长 2 秒

将 录音结果 进行识别

OLED 第 2 行显示 识别录音结果 模式 普通 不换行

OLED 显示生效

关闭 0 # RGB 灯

知识库

人们对语音识别技术的探索始于 20 世纪 50 年代，至今已历经半个多世纪的时光，每一步的进展都凝聚着人们的智慧与汗水。

1952 年，贝尔研究所成功研发出能够识别 10 个英文数字发音的实验系统。这一里程碑式的成就，为后续研究语音识别奠定了坚实的基础。

20 世纪 70 年代，科学家们在语音识别领域取得了实质性的突破——提高了识别小词汇量、孤立词的准确性和效率。20 世纪 80 年代，人们不再满足于识别孤立词，开始探索识别连接词的可能性。

21 世纪，随着深度学习技术的崛起，语音识别技术迎来了新的发展机遇。2011 年初，某企业的深度神经网络（DNN）模型在语音搜索任务上取得了显著成就。这一技术突破不

续知识库

仅提升了语音识别的准确率，还极大地加快了识别速度。随后，国内多家企业纷纷将 DNN 模型应用到中文语音识别领域，推动了中文语音识别技术的快速发展。

　　如今，语音识别技术已经广泛应用于各个领域。它不仅能嵌入手机、计算机等设备中，实现语音助手、智能客服等功能，还能与穿戴设备如智能手表等紧密结合，为人们提供更加便捷、高效的人机交互体验。语音识别技术的广泛应用为人机交互方式开启了新的篇章。

脑洞大开

　　语音识别技术，其核心功能不只是简单地识别语音，而且能够根据所识别的语音内容执行相应的指令。要利用这一技术来控制灯的开关，应该怎么做呢？

进阶我会用　语音控制灯

　　在智能家电领域，基于语音识别技术的语音控制已成为一项不可或缺的功能。无论是让智能音箱播放用户点播的歌曲，还是通过语音指令让手机快速打开特定的应用程序，基于语音识别技术的应用不断拓展智能生活的边界。

　　我们使用准备清单中的材料和软件，一起制作一盏语音控制灯吧！当掌控板识别到语音指令"开灯""关灯"时，执行对应的操作；当掌控板识别到语音指令"切换"时，改变 RGB 灯的颜色。

准备清单

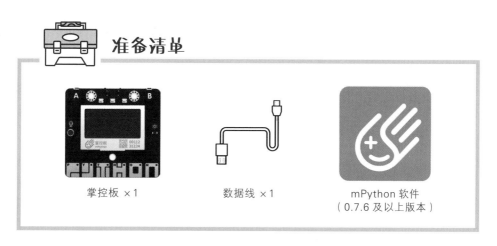

掌控板 ×1　　　　　数据线 ×1　　　　　mPython 软件
　　　　　　　　　　　　　　　　　　（0.7.6 及以上版本）

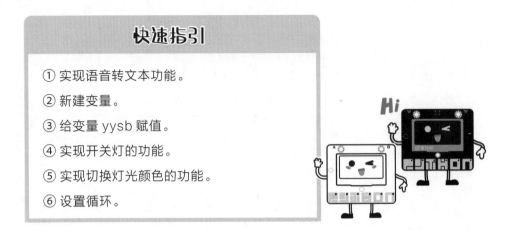

快速指引

① 实现语音转文本功能。

② 新建变量。

③ 给变量 yysb 赋值。

④ 实现开关灯的功能。

⑤ 实现切换灯光颜色的功能。

⑥ 设置循环。

 操作步骤

① 实现语音转文本功能。应用本课"基础我来学"中的内容，实现当按键 A 被按下时，0 号 RGB 灯亮红光，掌控板开始识别环境中的语音，随后 OLED 显示屏显示识别结果，0 号 RGB 灯熄灭。

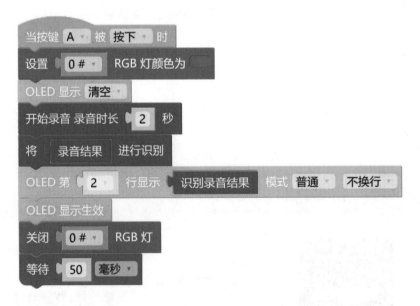

② 新建变量。使用"将变量 ×× 设定为"积木，新建用于表示 RGB 灯颜色的变量 a 和用于存储识别结果的变量 yysb，并将 0 赋给两个变量，作为初始值。

③ 给变量 yysb 赋值。使用"将变量 ×× 设定为"积木和"转字节 ××"积木，将识别结果转换为字节后赋值给变量 yysb。

小贴士

　　在计算机科学领域，字节是构成数据的基本单位，通常用于存储和传输信息。在大多数现代计算机系统中，1 字节由 8 位二进制数组成。8 位二进制数有 256 种可能的组合方式，可以表示一个字符、一个数字，或者其他类型的符号信息。

　　为了避免程序运行时出报错，我们使用"转字节 ××"积木将识别结果转换为字节后，再给变量赋值。

④ 实现开关灯的功能。使用"字节 ×× 转 字符串"积木，将变量 yysb 中的值转换为字符串类型。使用"如果"积木判断字符串类型的值是不是"开灯""关灯"。若为"开灯"，则使用"设置 ×× RGB 灯颜色为 ××"积木设置掌控板上所有 RGB 灯亮绿光；若为"关灯"，则使用"关闭 ×× RGB 灯"积木关闭掌控板上所有 RGB 灯。

⑤ 实现切换灯光颜色的功能。使用"如果"积木判断字符串类型的值是不是"切换"。若为"切换"，则使用"将变量 ×× 的值增加"积木将变量 a 的值加 1。当变量 a 为 1 时，设置所有 RGB 灯的颜

色为黄色；当变量 a 为 2 时，设置所有 RGB 灯的颜色为蓝色。此处我们设定 RGB 灯只在黄和蓝之间切换，因此当变量 a 为 2 时，我们重新将变量 a 赋值为 0。

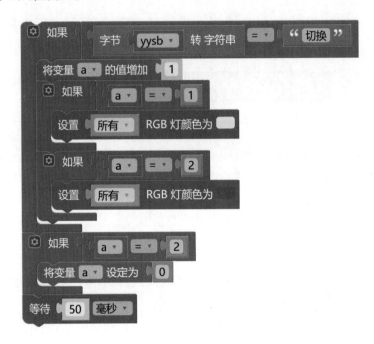

⑥ 设置循环。使用"一直重复"积木循环主要功能，确保每个指令能重复执行。

 **参考程序**

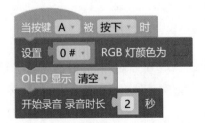

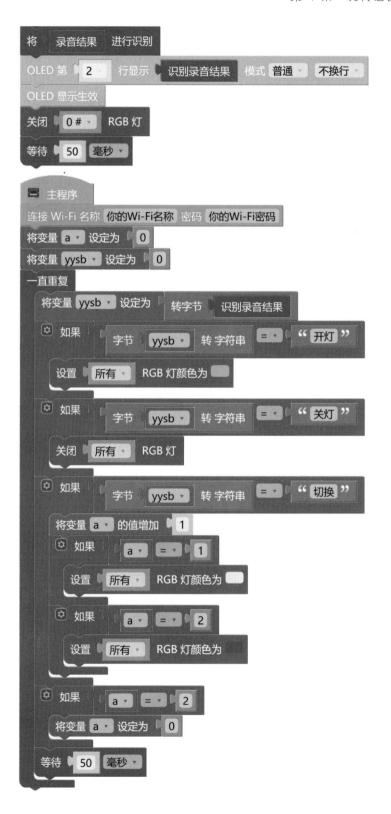

知识库

　　语音控制功能在智能家居领域占据了举足轻重的地位，为用户带来了前所未有的便捷交互体验。然而，此技术也面临着若干挑战，亟待解决。

　　首先，用户通常需要近距离操作，而智能家居环境中用户与设备之间的距离可能较远，这对语音识别技术提出了突破距离限制的要求。

　　其次，室内环境的复杂性，包括噪声、人声干扰等因素，对语音识别造成了一定的干扰。

　　再次，中国地域广阔，语系、方言和口音繁多，并且中文本身具有多语义性，这些都增加了语音识别的难度，影响了识别的准确性。

　　最后，上下文关联问题也是语音识别技术发展的一大难点。

　　为了迎接这些挑战，我们需要不断推动技术创新和优化，以期在智能家居领域实现语音识别技术的更大突破，为用户带来更为出色的使用体验。

玩转数字

数字，作为数学世界的基石，是我们最早接触的数学知识。它们不仅是简单的符号，更蕴含了丰富的知识。从整数到小数，从偶数到奇数，再到神秘的质数和乘方，无论是科学研究、体育竞技，还是日常生活，数字无处不在。我们一起来玩转数字吧！

基础我来学 电子骰子

骰子不仅是游戏中的传统道具，更是数学中随机数概念的直观体现。通过投掷一颗六面骰子，我们可以得到整数 1～6。每次的投掷结果都是独立且随机的。

我们使用准备清单中的材料和软件，一起制作电子骰子吧！当按键 A 未被按下时，OLED 显示屏持续滚动显示 1～6 的随机整数，模拟真实的骰子效果；当按键 A 被按下时，OLED 显示屏固定显示当前的随机数字，仿佛骰子已经停下；当按键 A 被再次按下时，OLED 显示屏恢复滚动显示随机整数的状态，仿佛我们再次投掷了骰子。

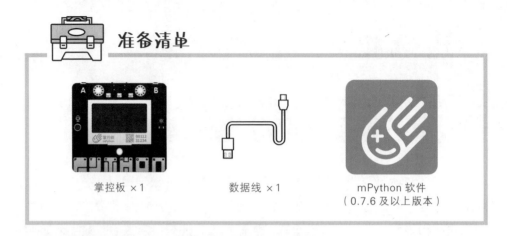

准备清单

掌控板 ×1　　　　　数据线 ×1　　　　　mPython 软件
（0.7.6 及以上版本）

快速指引

① 新建变量。

② 让 OLED 显示屏显示 1 个 1~6 的随机整数。

③ 实现滚动显示、暂停及重新滚动显示的效果。

 操作步骤

① 新建变量。使用"将变量 ×× 设定为"积木，新建用于表示随机数的变量 sjs，设其初始值为 0；再新建一个用于表示暂停状态的布尔型变量 stop，设其初始值为假。

② 让 OLED 显示屏显示 1 个 1~6 的随机整数。使用"将变量 ×× 设定为"积木和"从 ×× 到 ×× 之间的随机整数"积木，将随机生成的整数（整数取值范围：1~6）赋值给变量 sjs；使用"转为文本"积木将变量 sjs 的数据类型转换为 OLED 显示屏可以显示的字符串类型；使用"坐标 x ×× y ×× 显示 ×× ×× ××"积木，将转换后的数据显示在 OLED 显示屏上指定的位置（50, 20），字体为"仿数码管"，大小为 30 像素。

③ 实现滚动显示、暂停及重新滚动显示的效果。使用"一直重复"积木，实现 OLED 显示屏滚动显示 1~6 的随机整数的效果；使用"如果 否则"积木，判断变量 stop 的布尔值并执行相应的操作；使用"如果"积木，判断按键 A 是否被按下并执行相应的操作，按键 A 被按下一次，变量 stop 的值就变化一次。

小贴士

长按按键 A 可能会导致变量 stop 的值反复变动。为了避免发生这种情况，使用"重复当"积木循环空指令。此积木是满足条件时循环执行指令，不满足条件时跳出循环，也就是松开按键 A 时，变量 stop 的值才会发生变化。

参考程序

```
主程序
将变量 sjs 设定为  0
将变量 stop 设定为  假
一直重复
    如果    stop  =  假
        将变量 sjs 设定为  从 1 到 6 之间的随机整数
        OLED 显示 清空
        坐标 x 50 y 20 显示  转为文本 sjs 仿数码管 30像素 不换行
        OLED 显示生效
        如果  按键 A 已经按下
            重复当  按键 A 已经按下

            将变量 stop 设定为  真
    否则  如果  按键 A 已经按下
        重复当  按键 A 已经按下

        将变量 stop 设定为  假
```

> **知识库**
>
> 布尔型变量是一种特殊的变量，其逻辑状态仅包含两个值：真（True）和假（False）。这一命名源自 19 世纪著名的数学家乔治·布尔，他在 1847 年出版的《逻辑的数学分析》中，首次系统地提出了符号逻辑的概念。由于布尔在符号逻辑运算领域的卓越贡献，如今许多计算机语言将逻辑运算称为布尔运算，并将运算的结果称为布尔值。

> **知识库**
>
> 数码管是一种独特的显示器件，其核心构造是将多个发光二极管紧密集成，形成一个形似"8"字的整体。具体来说，这个"8"字由 7 个发光二极管构成，如果再加入小数点，则总共有 8 个发光二极管。这些发光二极管用 a、b、c、d、e、f、g、dp 标识。
>
> 给数码管中的发光二极管施加电压，发光二极管会发出光亮。通过不同组合的亮灭状态，可以形成我们想要显示的数字或字符。如想显示数字 2，需要给 a、b、g、e、d 这 5 个发光二极管施加电压。

续知识库

　　在使用掌控板的 OLED 显示屏的过程中，我们可以借鉴数码管的显示原理，呈现不同的数字或字符。值得一提的是，仅在使用仿数码管字体的情况下，我们可以根据需要调整字体的大小，从而适应不同的显示需求。

脑洞大开

我们已经实现电子骰子了，还能基于电子骰子做些什么呢？

进阶我会用　智能骰子

　　我们使用准备清单中的材料和软件，一起基于电子骰子制作可以比较数字大小的智能骰子吧！具体功能是 OLED 显示屏同时滚动显示两个 1~6 的随机整数。当用户 1 按下按键 A 时，左侧屏幕会固定显示当前的随机整数，再次按下按键 A 时，屏幕会恢复滚动显示状态；当用户 2 按下按键 B 时，右侧屏幕会固定显示当前的随机整数，再次按下按键 B 时，屏幕会恢复滚动显示状态。仅当屏幕两侧都固定显示了随机整数时，程序会执行比大小操作。如果屏幕左侧的数字较大，则会显示"A 胜！"，否则显示"B 胜！"，不论哪方胜利，RGB 灯都会全部亮起红光以示庆祝。如果两个数字相同，则会显示"平局"，此时 RGB 灯全部亮起绿光，象征着游戏的公正与和谐。

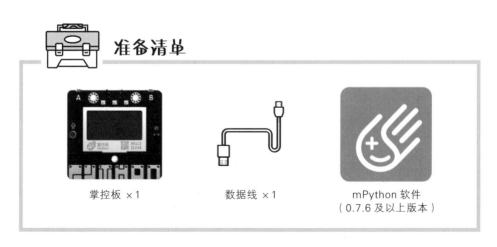

准备清单

掌控板 ×1　　　　　　数据线 ×1　　　　　　mPython 软件
　　　　　　　　　　　　　　　　　　　　　（0.7.6 及以上版本）

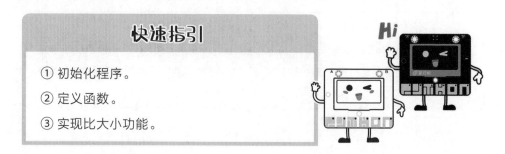

快速指引

① 初始化程序。

② 定义函数。

③ 实现比大小功能。

 操作步骤

① 初始化程序。新建用于表示两个随机整数的变量 sjs1 和 sjs2，设它们的初始值为 0；新建两个用于表示按键状态的布尔型变量 stop1 和 stop2，设它们的初始值为假；使 OLED 显示变量 sjs1 和 sjs2 的初始值。

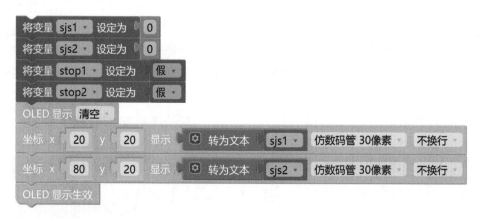

② 定义函数。使用"定义函数 ××"积木定义两个函数并分别封装"基础我来学"中电子骰子的程序。

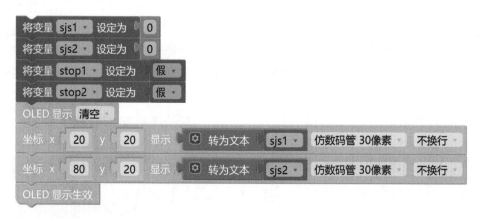

40

③ 实现比大小功能。当屏幕固定显示两个随机整数时，根据判断条件表，使用"如果 否则如果 否则"积木设置判断条件，并编写条件成立时的程序。

判断条件表

判断条件	OLED 显示屏	RGB 灯
sjs1 > sjs2	A 胜！	亮红光 （R, G, B）=（255, 0, 0）
sjs1 = sjs2	平局	亮绿光 （R, G, B）=（0, 255, 0）
sjs1 < sjs2	B 胜！	亮红光 （R, G, B）=（255, 0, 0）

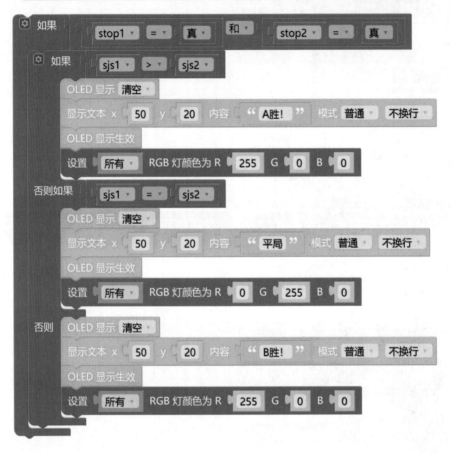

 参考程序

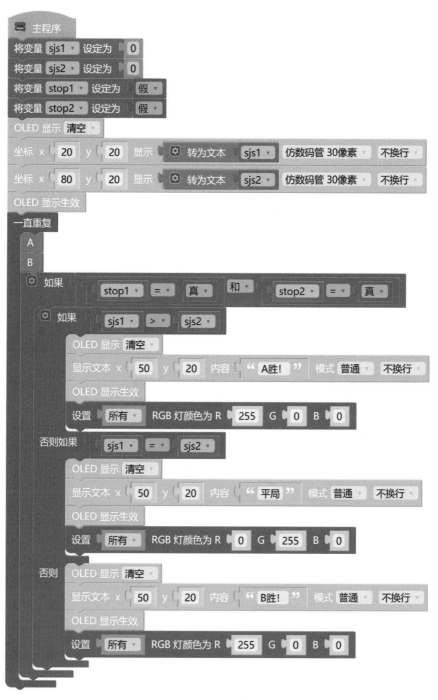

定义函数 A

如果 stop1 ▼ = ▼ 假 ▼

将变量 sjs1 ▼ 设定为 从 1 到 6 之间的随机整数

OLED 显示 清空 ▼

坐标 x 20 y 20 显示 转为文本 sjs1 仿数码管 30像素 不换行 ▼

OLED 显示生效

如果 按键 A 已经按下 ▼

重复当 ▼ 按键 A 已经按下 ▼

将变量 stop1 ▼ 设定为 真 ▼

否则 如果 按键 A 已经按下 ▼

重复当 ▼ 按键 A 已经按下 ▼

将变量 stop1 ▼ 设定为 假 ▼

定义函数 B

如果 stop2 ▼ = ▼ 假 ▼

将变量 sjs2 ▼ 设定为 从 1 到 6 之间的随机整数

OLED 显示 清空 ▼

坐标 x 80 y 20 显示 转为文本 sjs2 仿数码管 30像素 不换行 ▼

OLED 显示生效

如果 按键 B 已经按下 ▼

重复当 ▼ 按键 B 已经按下 ▼

将变量 stop2 ▼ 设定为 真 ▼

否则 如果 按键 B 已经按下 ▼

重复当 ▼ 按键 B 已经按下 ▼

将变量 stop2 ▼ 设定为 假 ▼

知识库

　　函数，作为程序设计的核心组成部分，是一种预定义的、模块化的操作集合，极大地简化了复杂程序的编写过程。在编程时，合理地利用和组合各种函数，不仅能展现出程序设计的巧妙与智慧，还能极大地提升程序的可读性和可维护性。

　　在实际编程中，如果函数过于复杂，则通常会被进一步拆分成多个子函数，每个子函数负责实现一个具体的功能。这样，在主程序执行时，只需要简单地调用这些子函数，就能轻松完成复杂的任务。

掌控灯光

从璀璨夺目的霓虹灯，到高效节能的 LED 灯，再到柔和舒适的日光灯，灯给我们的生活带来了巨大的改变。我们一起来探索掌控灯光的方式吧！

基础我来学 无线广播控灯

掌控板具有无线广播功能，共设 13 个频道，可实现一定区域内的简易组网。相同频道的掌控板可进行通话。我们使用准备清单中的材料和软件，一起实现无线广播控灯吧！我们用一个掌控板（遥控板）远程操控另一个连着灯带的掌控板（执行板），执行对应的开关灯任务。

准备清单

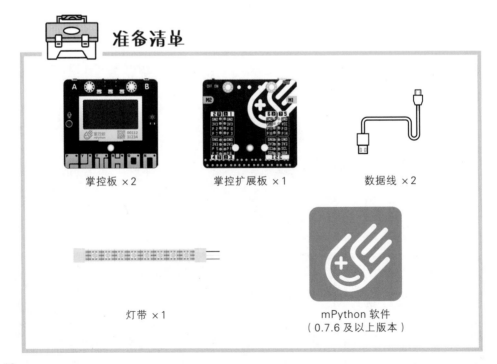

掌控板 ×2　　　　　　掌控扩展板 ×1　　　　　　数据线 ×2

灯带 ×1　　　　　　mPython 软件
　　　　　　　　　（0.7.6 及以上版本）

快速指引

① 连接灯带。

② 建立 2 块掌控板间的通信。

③ 增加工作指示灯。

④ 实现遥控板功能。

⑤ 实现执行板功能。

 操作步骤

① 连接灯带。根据正确的引脚对应关系，先将执行板和掌控扩展板插到一起，再将灯带连接至掌控扩展板的 P13 引脚。使用"灯带初始化 名称 ×× 引脚 ×× 数量 ××"积木连接 P13 引脚。

灯带初始化 名称 my_rgb 引脚 P13 数量 24

② 建立 2 块掌控板间的通信。使用"×× 无线广播"积木和"设无线广播 频道为 ××"积木，打开 2 块掌控板的无线广播功能，并将通信频道调成一致。因为是实时遥控，所以我们使用"一直重复"积木循环此部分的程序。

遥控板

执行板

③ 增加工作指示灯。使用"设置 ×× RGB 灯颜色为 ××"积木，设置当 2 块掌控板正常工作时，灯带上的所有 RGB 灯亮绿光。

小贴士

　　灯带上有 24 个 RGB 灯，编号为 0～23，想要实现不同的灯效，可以对不同编号的 RGB 灯进行设置。

④ 实现遥控板功能。使用"当掌控板 ×× 时"积木和"无线广播 发送 ××"积木，实现当遥控板向左倾斜、向右倾斜、平放、向后倾斜时，分别通过无线广播发送消息"1""2""3""4"。

小贴士

　　掌控板是通过加速度传感器检测倾斜状态的，我们可以使用掌控板制作有关自由落体的实验。

⑤ 实现执行板功能。使用"当收到特定无线广播消息 ×× 时"积木，接收遥控板发出的无线广播消息。使用"灯带 ×× ×× 号 红 ×× 绿 ×× 蓝 ××"积木、"灯带 ×× 设置生效"积木、"灯带 ×× 全亮 颜色 ××"积木，实现当接收到消息"1"时，编号 1~9 的 RGB 灯亮红光；当接收到消息"2"时，编号 16~24 的 RGB 灯亮蓝光；接收到消息"3"时，编号 8~16 的 RGB 灯亮绿光；接收到消息"4"时，灯带上的 RGB 灯全部熄灭。此处仅展示执行板接收到无线广播消息"1""4"时的程序。

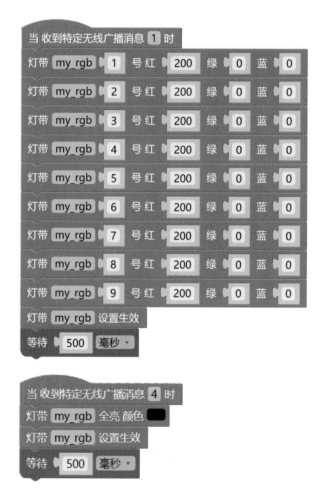

参考程序

遥控板

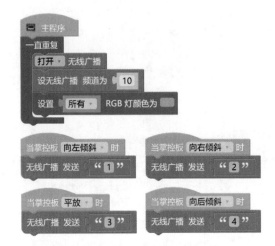

执行板

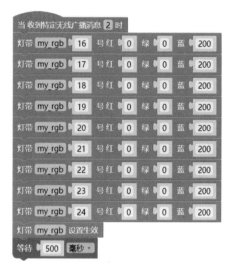

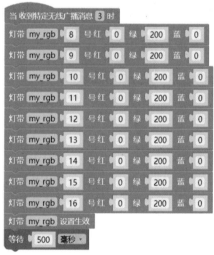

脑洞大开

　　我们已经实现无线广播控灯了。那么，我们能否通过声音控灯，使灯光随着声音的大
小而变化呢？

进阶我会用　"舞动"的灯光

想象一下，当旋律在耳边响起，灯光与之同步变化，将为我们带来视觉与听觉的双重体验。

我们使用准备清单中的材料和软件，通过声音控制灯带产生不同的灯光效果，让灯光"舞动"起来吧！

准备清单

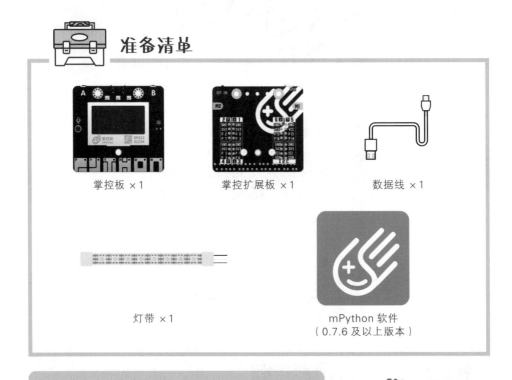

掌控板 ×1　　　　掌控扩展板 ×1　　　　数据线 ×1

灯带 ×1

mPython 软件
（0.7.6 及以上版本）

快速指引

① 连接灯带。

② 新建变量，控制亮灯的个数。

③ 新建变量，控制亮灯的颜色。

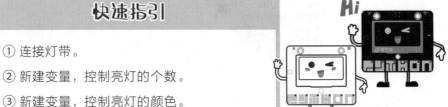

操作步骤

① 连接灯带。根据正确的引脚对应关系，先将执行板和掌控扩展板插到一起，再将灯带连接至掌控扩展板的 P15 引脚。使用"灯带初始化 名称 ×× 引脚 ×× 数量 ××"积木连接 P15 引脚。

② 新建变量，控制亮灯的个数。新建变量 height，并设其初始值为 0。使用"映射 ×× 从 ××，×× 到 ××，××"积木，将声音值 0 ~ 4095 映射到 0 ~ 23，并将映射后的值赋给变量 height。使用"使用 ×× 从范围 ×× 到 ×× 每隔 ××"积木编写循环结构，使声音值越大，亮灯的个数越多。

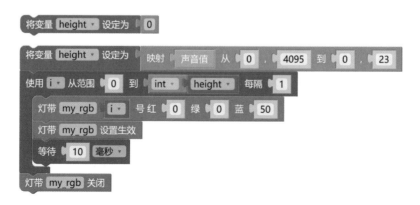

> **小贴士**
>
> 变量 i 用于表示 RGB 灯的编号，编号是整数，但变量 height 可能是整数也可能是小数，所以使用"int"积木将变量 height 的数据类型转换为整型。

③ 新建变量，控制亮灯的颜色。新建变量 colour，并设其初始值为 0。使用"映射 ×× 从 ××，×× 到 ××，××"积木，将声音值 2000~4095 映射到 100~255，并将映射后的值赋给变量 colour。使用"int"积木将变量 colour 的数据类型转换为整型，并将转换后的数值作为"灯带 ×× ×× 号红 ×× 绿 ×× 蓝 ××"积木中"红"的值。为了让灯光的颜色效果更多变，使用"从 ×× 到 ×× 之间的随机整数"积木随机生成的整数（整数取值范围：40~60）作为"灯带 ×× ×× 号红 ×× 绿 ×× 蓝 ××"积木中"绿"的值。

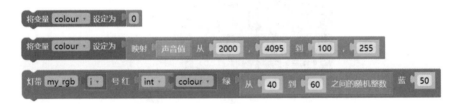

 参考程序

主程序

将变量 height▼ 设定为 0
将变量 colour▼ 设定为 0
灯带初始化 名称 my_rgb 引脚 P15▼ 数量 24
一直重复
　将变量 height▼ 设定为 映射 声音值 从 0，4095 到 0，23
　将变量 colour▼ 设定为 映射 声音值 从 2000，4095 到 100，255
　使用 i 从范围 0 到 int▼ height 每隔 1
　　灯带 my_rgb i 号红 int▼ colour 绿 从 40 到 60 之间的随机整数 蓝 50
　　灯带 my_rgb 设置生效
　　等待 10 毫秒▼
灯带 my_rgb 关闭

小贴士

使用"一直重复"积木循环程序，实现灯光随声音同步变化的效果。

知识库

映射，作为一个数学概念，描述了两个集合之间的一种独特对应关系。具体地说，当两个非空集合 A 和 B 之间存在一个特定的对应法则 f 时，对于集合 A 中的任意一个元素 a，都能在集合 B 中找到一个且仅有一个元素 b 与之相对应。这种由 A 至 B 的单向且唯一的对应关系就被称为从 A 到 B 的映射，记作 f: A → B。在此情境中，我们可以将声音值视为集合 A 中的元素，而 RGB 灯的编号则对应为集合 B 中的元素，因此，每一个声音值都通过一个明确的对应关系映射到唯一的 RGB 灯的编号上。

掌控音乐

音乐家冼星海曾说："音乐，是人生最大的快乐；音乐，是生活中的一股清泉；音乐，是陶冶性情的熔炉。"人们很早就借助音乐来表达情感了。在辛勤劳作的场景中，人们创造了富有节奏的号子，用以统一劳动步伐，振奋精神；在庆祝丰收的场景中，人们会敲击石器、木器，发出悦耳的声音，表达喜悦。被敲击的石器、木器便是乐器的雏形。现在，我们一起来制作属于自己的乐器，体验音乐创作的乐趣吧！

基础我来学　迷你钢琴

钢琴是一种富有表现力的键盘乐器，它拥有宽广的音域和丰富的音色。演奏者用灵活的双手，以不同的节奏和顺序弹奏不同的琴键，演绎出美妙的旋律。

我们使用准备清单中的材料和软件，制作一个迷你钢琴吧！用掌控板上的 6 个触摸键模拟钢琴的琴键，每个触摸键对应不同的音调；用按键 A 和按键 B 切换高低音区，当按键 A 被按下时，所有触摸键对应的音调降低一个音区，当按键 B 被按下时，所有触摸键对应的音调升高一个音区；用掌控板上的蜂鸣器发出不同音调的声音。

准备清单

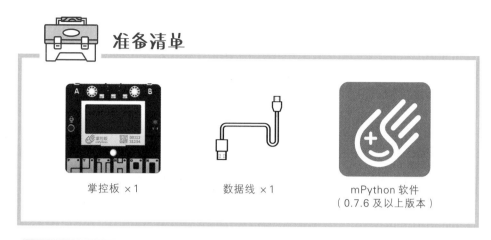

掌控板 ×1　　　　数据线 ×1　　　　mPython 软件
（0.7.6 及以上版本）

快速指引

① 设置不同触摸键的音调。

② 定义表示不同音区的函数。

③ 实现按键 A 和按键 B 的功能。

操作步骤

　　① 设置不同触摸键的音调。掌控板 6 个触摸键的名称分别是 P、Y、T、H、O、N，我们使用"如果"积木、"触摸键 ×× ××"积木和"播放音调 音调 ×× 延时 ×× 毫秒 引脚 ××"积木，设置 6 个触摸键分别对应 do、re、mi、fa、sol、la 6 个音调。此处仅展示按下触摸键 P 时播放中音 do 的程序。

小贴士

　　C、D、E、F、G、A、B 是 do、re、mi、fa、sol、la、si 的音名，4 是八度的编号。C5 比 C4 高一个八度，也就是 C5 比 C4 的音区高。

② 定义表示不同音区的函数。使用"定义函数 ××"积木定义 di、zhong、gao 3 个函数；在函数中，分别放入低音区、中音区、高音区的 6 个音调，使按下不同触摸键时发出对应的音调。此处仅展示函数 zhong 的程序。

③ 实现按键 A 和按键 B 的功能。新建用于表示音区的变量 yq，并设其初始值为 4。我们设置 yq 为 3 表示低音区，为 4 表示中音区，为 5 表示高音区。定义函数 anjian，设置按下按键 A，降低一个音区；按下按键 B，升高一个音区。因为只有 3 个音区，所以设置当处于低音区时，按下按键 A 不再降低音区；当处于高音区时，按下按键 B 不再升高音区。

将变量 yq 设定为 4

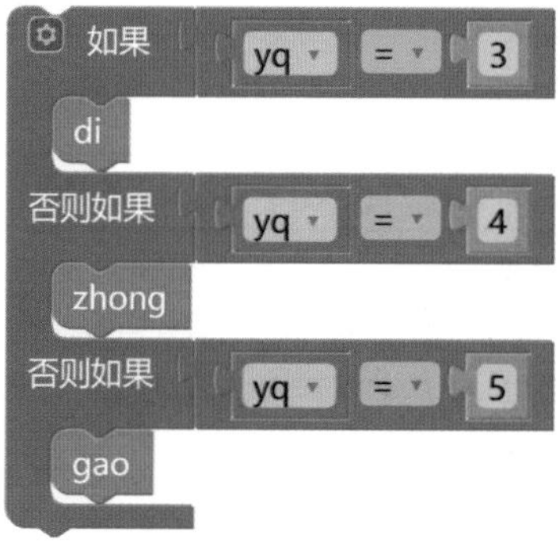

如果　yq ＝ 3
　di
否则如果　yq ＝ 4
　zhong
否则如果　yq ＝ 5
　gao

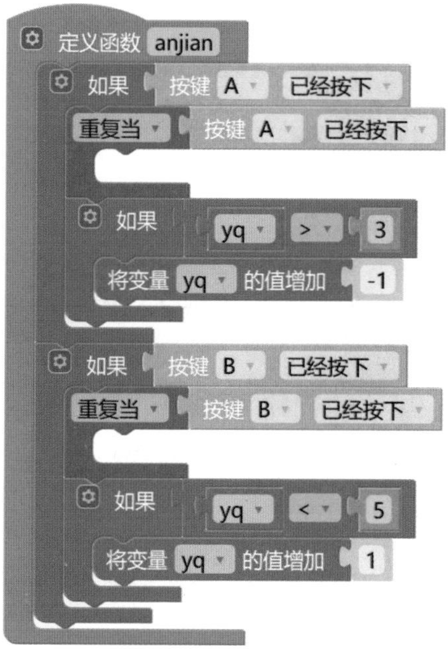

定义函数 anjian
如果　按键 A　已经按下
重复当　按键 A　已经按下
　如果　yq ＞ 3
　将变量 yq 的值增加 -1
如果　按键 B　已经按下
重复当　按键 B　已经按下
　如果　yq ＜ 5
　将变量 yq 的值增加 1

小贴士
　　长按按键 A 和按键 B 可能会导致变量 yq 的值发生变化。为了避免发生这种情况，使用"重复当"积木循环空指令，也就是松开按键 A 和按键 B 时，变量 yq 的值才发生变化。

 **参考程序**

主程序

将变量 yq 设定为 4

一直重复

  anjian

  ⚙ 如果   yq = 3

    di

  否则如果   yq = 4

    zhong

  否则如果   yq = 5

    gao

⚙ 定义函数 anjian

  ⚙ 如果   按键 A 已经按下

    重复当   按键 A 已经按下

      ⚙ 如果   yq > 3

        将变量 yq 的值增加 -1

  ⚙ 如果   按键 B 已经按下

    重复当   按键 B 已经按下

      ⚙ 如果   yq < 5

        将变量 yq 的值增加 1

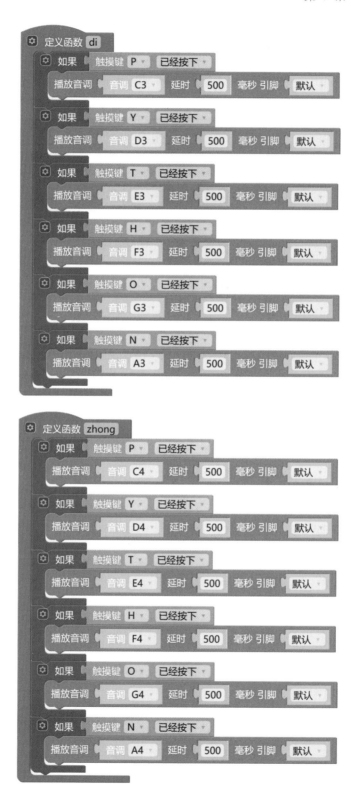

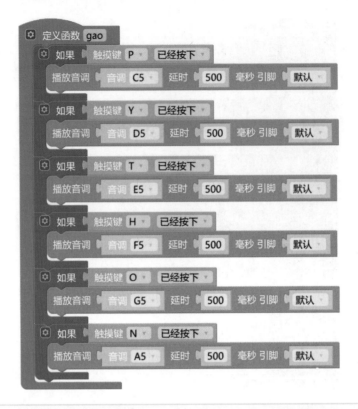

知识库

　　常见的 88 键立式钢琴的音区分为低、中、高 3 个部分。从钢琴最左侧的第 1 个键到第 27 个键，为低音区；从第 28 个键到第 58 个键，为中音；从第 59 个键到第 88 个键，为高音区。

　　值得注意的是，随着音乐演奏需求的日益多样化，市场上出现了扩大音区的钢琴。这些钢琴通常包括更多的键，如 92 键、97 键，甚至 108 键。与常见的 88 键立式钢琴相比，这些钢琴的键盘布局发生了变化，因此音区的分布位置也相应地有所偏移。以 97 键钢琴为例，低音区由钢琴最左侧的第 1 个键延伸至第 30 个键；中音区由第 31 个键延伸至第 65 个键；高音区由第 66 个键延伸至第 97 个键。这样的设计为音乐作品的创作和演绎提供了更多的可能性。

脑洞大开

　　你知道如何在 OLED 显示屏上显示音符吗？试试按照音符弹奏用掌控板，并让掌控板判断是否弹奏对了吧！

进阶我会用　识谱达人

我们使用准备清单中的材料和软件，一起制作一个名为识谱达人的小游戏吧！

游戏开始时，OLED 显示屏会显示 4 个音符，玩家按照音符弹奏掌控板，当弹奏的音调全都正确时，掌控板的 RGB 灯亮绿光，否则 OLED 显示屏会重新显示 4 个音符。

准备清单

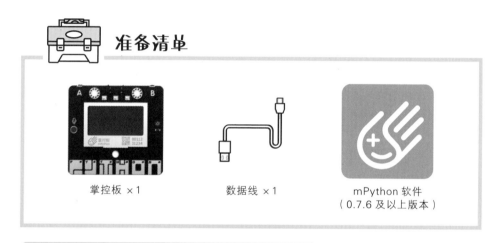

掌控板 ×1　　　　　数据线 ×1　　　　　mPython 软件
（0.7.6 及以上版本）

快速指引

① 定义变量。

② OLED 显示屏显示 4 个音符。

③ 定义触摸键的功能。

④ 判断弹奏的音调是否正确。

⑤ 完善功能。

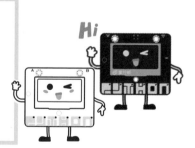

操作步骤

① 定义变量。定义用于表示 4 个音符的变量 a、b、c、d。使用 4 个 "从 × × 到 × × 之间的随机整数" 积木随机生成 4 个 1 ~ 6 的整数，并将整数分别赋值给变量 a、b、c、d；定义用于存储触摸键被按下次数的变量 i，并设其初始值为 0；定义用于记录音调的变量 j，并设其初始值为 0。

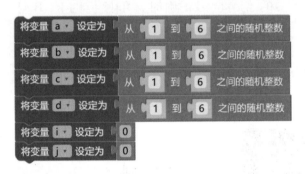

② OLED 显示屏显示 4 个音符。将变量 a、b、c、d 转换为文本，使用 "OLED 显示 × ×" 积木、"OLED 第 × × 行显示 × × 模式 × × × ×" 积木和 "OLED 显示生效" 积木，将转换成文本的变量 a、b、c、d 显示出来。

③ 定义触摸键的功能。定义函数 ajgn，设置当按下触摸键 P、Y、T、H、O、N 分别播放中音 do、re、mi、fa、sol、la，并且每播放一个音调，变量 i 的值都加 1。此处我们使用变量 j 记录音调，1、2、3、4、5、6 分别对应 do、re、mi、fa、sol、la。

④ 判断弹奏的音调是否正确。使用"重复直到"积木，设置循环条件为触摸键被按下 4 次；使用"如果 否则如果 否则如果"积木和"如果"积木依次判断触摸键被按下后播放的音调和 OLED 显示屏显示的是否一致，如果不一致就中断循环；如果都一致，则所有的 RGB 灯亮绿光。

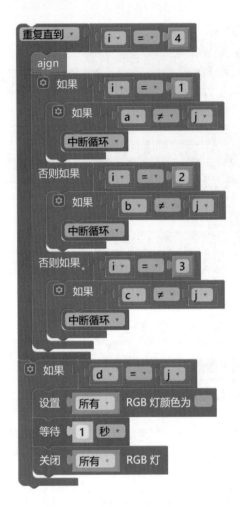

⑤ 完善功能。使用"一直重复"积木循环整个程序，使得结束一次游戏后，开始新一局的游戏。

 参考程序

```
主程序
一直重复
    将变量 a 设定为  从 1 到 6 之间的随机整数
    将变量 b 设定为  从 1 到 6 之间的随机整数
    将变量 c 设定为  从 1 到 6 之间的随机整数
    将变量 d 设定为  从 1 到 6 之间的随机整数
    将变量 i 设定为  0
    将变量 j 设定为  0
    OLED 显示 清空
    OLED 第 1 行显示  转为文本  a
                                b
                                c
                                d
                     模式 普通  不换行
    OLED 显示生效
    重复直到  i = 4
        ajgn
        如果  i = 1
            如果  a ≠ j
            中断循环
        否则如果  i = 2
            如果  b ≠ j
            中断循环
        否则如果  i = 3
            如果  c ≠ j
            中断循环
        如果  d = j
        设置  所有  RGB 灯颜色为
        等待  1 秒
        关闭  所有  RGB 灯
```

知识库

随机现象在自然界和人类社会中广泛存在。如，投掷硬币时，正面或反面朝上的结果是随机的，事先无法确定；又如，投掷骰子得到的点数也是随机的，无法预测。

虽然随机现象的结果难以预测，但通过对大量随机现象的观察和统计分析，我们可以发现其中的规律。如，多次投掷硬币后，正面和反面朝上的次数会趋于相等；又如，多次投掷骰子后，得到每个点数的次数会趋于相等。

在本课的"进阶我会用"中，使用"从××到××之间的随机整数"积木随机生成1~6的整数，在多次生成后，每个数字出现的次数也会趋于相等。

第 **8** 课

掌控分秒

高尔基说过："世界上最快而又最慢，最长而又最短，最平凡而又最珍贵，最易被忽视而又最令人后悔的就是时间。"我们应珍惜每一分每一秒，让生活更加充分且有意义。掌控分秒，不负韶华。

基础我来学 倒计时器

倒计时器是一种能够设定倒计时时长并显示剩余时间的工具，能在剩余时长为 0 时，提醒用户时间已到。它常用于日常生活中，能帮助人们精确把握时间。

我们使用准备清单中的材料和软件，一起制作倒计时器吧！

准备清单

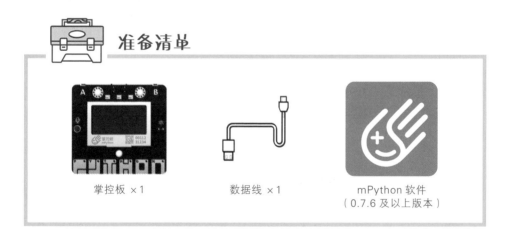

掌控板 ×1　　　　　数据线 ×1　　　　　mPython 软件
　　　　　　　　　　　　　　　　　　　　（0.7.6 及以上版本）

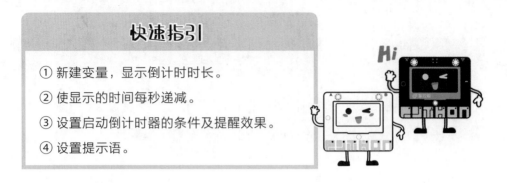

① 新建变量，显示倒计时时长。

② 使显示的时间每秒递减。

③ 设置启动倒计时器的条件及提醒效果。

④ 设置提示语。

 操作步骤

① 新建变量，显示倒计时时长。我们以制作默认倒计时时长为 10 秒的倒计时器为例，讲解如何制作倒计时器。新建用于表示倒计时时长的变量 a，并设其初始值为 10。将变量 a 转换成文本，并在 OLED 显示屏上显示出来。

② 使显示的时间每秒递减。使用"重复直到"积木，设置跳出循环的条件是变量 a 为 0；使用"等待 × × 秒"积木，设置变量 a 每隔 1 秒变化 1 次；使用"将变量 × × 的值增加"积木，设置变量 a 每次变化时增加 −1，即减少 1。

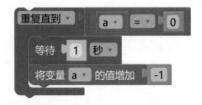

③ 设置启动倒计时器的条件及提醒效果。使用"当按键 × × 被

×× 时"积木，设置当按键 A 被按下时启动倒计时器。此外，我们使用仿数码管字体显示剩余倒计时时长，并在剩余时长为 0 时发出声音，提醒用户时间已到。

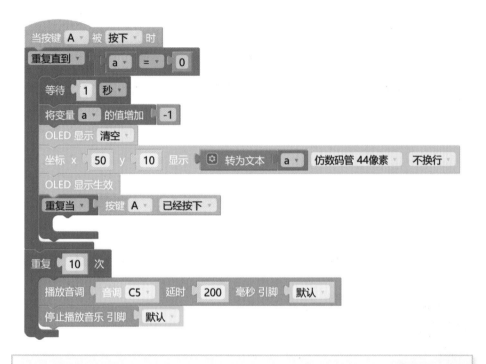

小贴士

我们还可以应用前几课所学的知识，为倒计时器增加灯光提醒效果。比如，在剩余时长为 0 时，RGB 灯闪烁 5 下。

④ 设置提示语。在 OLED 显示屏显示"10 秒倒计时""按下 A 键开始"两行提示语，提醒用户按下按键 A 开始倒计时。

参考程序

```
主程序
OLED 显示 清空
显示文本 x 35 y 10 内容 " 10秒倒计时 " 模式 普通 不换行
显示文本 x 35 y 30 内容 " 按下A键开始 " 模式 普通 不换行
OLED 显示生效
```

```
当按键 A 被 按下 时
将变量 a 设定为 10
OLED 显示 清空
显示文本 x 50 y 10 内容 转为文本 a 模式 普通 不换行
OLED 显示生效
重复直到 a = 0
    重复当 按键 A 已经按下

    等待 1 秒
    将变量 a 的值增加 -1
    OLED 显示 清空
    坐标 x 50 y 10 显示 转为文本 a 仿数码管 44像素 不换行
    OLED 显示生效

重复 10 次
    播放音调 音调 C5 延时 200 毫秒 引脚 默认
    停止播放音乐 引脚 默认
```

知识库

　　自古以来，人类就不断追求对时间的精确计量，从而催生了各式各样的计时工具。从最初利用太阳投影的日晷，到依赖水流动原理的漏壶，这些古代计时工具虽简陋，却开启了人类计时的篇章。随着科技的进步，机械闹钟、沙漏、怀表等计时工具相继出现，不仅提高了计时的准确性，还使得查看时间变得更便捷。而后，电子技术的快速发展极大地推动了计时工具的革新，电子手表、智能手机等高精度、多功能的计时设备成为我们日常生活不可或缺的一部分。此外，还有石英钟和原子钟等高精度计时工具，为科学研究、航天探索等领域提供了可靠的时间基准。从简单的日晷到复杂的原子钟，计时工具的发展见证了人类文明的进步。

脑洞大开

　　思考一下如何制作能记录时间的秒表吧！

进阶我会用　秒表

　　秒表主要用于精确测定短时间内的时间间隔，常用于运动比赛和科学实验等场景。

　　我们使用准备清单中的材料和软件，一起制作秒表吧！当掌控板的按键 A 被按下时，开始计时或复位；当按键 B 被按下时，停止计时，在每次复位前最多可以计 4 次时；OLED 显示屏显示记录的时间，时间精确到毫秒。

准备清单

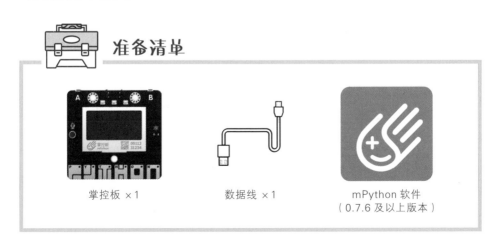

掌控板 ×1　　　　　数据线 ×1　　　　　mPython 软件
　　　　　　　　　　　　　　　　　　　（0.7.6 及以上版本）

快速指引

① 设置提示语。

② 新建变量。

③ 定义列表。

④ 实现按键 A 和按键 B 的功能。

⑤ 显示时间。

 操作步骤

① 设置提示语。在 OLED 显示屏显示"按下 A 键开始/复位""按下 B 键计时"两行提示语。

② 新建变量。新建用于表示按键 B 被按下次数的变量 i，并设其初始值为 0；新建用于表示掌控板已运行时间的变量 a；新建用于表示掌控板运行时间差的变量 b。

③ 定义列表。定义用于存储不同时间差的列表 my_list，并设初始值为 0。

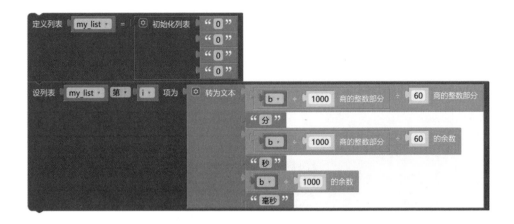

> **小贴士**
>
> 　　1 小时 =60 分钟，1 分钟 =60 秒，1 秒 =1000 毫秒。此处是以毫秒为单位记录掌控板的运行时间，想要以常见的"分 秒 毫秒"的格式显示时间，需要进行换算，并将换算后的数值转换为文本。

④ 实现按键 A 和按键 B 的功能。当按键 A 被按下时，将当前掌控板的运行时间赋值给变量 a；当按键 A 被再次按下时，秒表复位；当按键 B 被按下时，变量 i 的值加 1，并将当前掌控板的运行时间与变量 a 的差赋值给变量 b。因为我们要制作的秒表在每次复位前最多可以计 4 次时，所以当变量 i 的值大于等于 4 时，跳出循环，不再记录更多的时间。

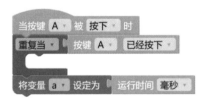

> **小贴士**
>
> 我们在一个循环指令中嵌套了另一个循环指令，使用"中断循环"积木可以结束循环，实现复位功能，从而避免程序陷入死循环。

⑤ 显示时间。将列表 my_list 存储的时间差显示在 OLED 显示屏。

参考程序

```
主程序
OLED 显示 清空
显示文本 x 35 y 10 内容 "按下A键开始/复位" 模式 普通 不换行
显示文本 x 35 y 30 内容 "按下B键计时" 模式 普通 不换行
OLED 显示生效

当按键 A 被 按下 时
重复当 按键 A 已经按下

将变量 i 设定为 0
将变量 a 设定为 运行时间 毫秒

定义列表 my list = 初始化列表 "0"
                            "0"
                            "0"
                            "0"

一直重复
  如果 按键 B 已经按下
  重复当 按键 B 已经按下

  将变量 i 的值增加 1
  如果 i ≥ 4
  中断循环
```

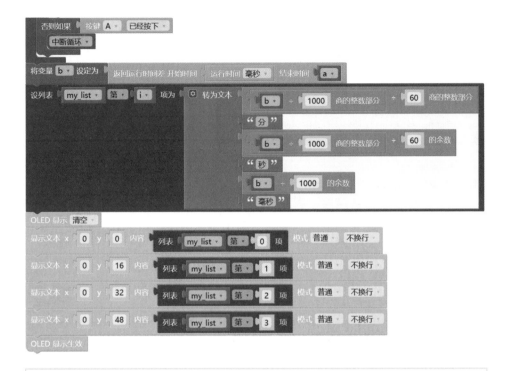

知识库

　　复位在硬件编程中扮演着至关重要的角色。它是将电路恢复到初始状态的关键步骤，能使程序重新且有序地运行。对于掌控板，我们可以通过多种方式实现复位，如直接按下其背面的白色复位键；在程序中巧妙地使用"中断循环"积木；点击 mPython 软件的界面中的"重置"按钮。

第 9 课

掌控时钟

时间是不依赖于任何事物而存在的客体。我们通过各种方式，如钟表、日历和生物钟等，计量和感知时间。时间既是恒定的，又是流逝的。它不仅是我们感知世界的工具，更是我们理解宇宙、探索未知的钥匙。我们一起来制作和时间有关的作品吧！

基础我来学　声光监测时钟

随着现代生活品质的提升，人们对时钟的期待已不再局限于显示时间和日期。

我们使用准备清单中的材料和软件，一起制作声光监测时钟吧！声光监测时钟不仅能实时显示当前时间和日期，还能显示当前环境的声音值和光线值，并且当声音值和光线值大于某个阈值时，还可以进行声光警报。

准备清单

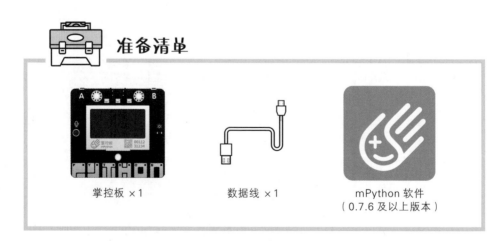

掌控板 ×1　　　　数据线 ×1　　　　mPython 软件
（0.7.6 及以上版本）

快速指引

① 清空 OLED 显示屏并连接 Wi-Fi 进行网络授时。

② 定义列表。

③ 定义函数。

④ 显示年月日、星期、时间、声音值和光线值。

⑤ 实现警报功能。

 操作步骤

① 清空 OLED 显示屏并连接 Wi-Fi 进行网络授时。使用"OLED 显示 ×ד积木清空 OLED 显示屏；使用"连接 Wi-Fi 名称 ×× 密码 ×ד积木，将掌控板联网；使用"同步网络时间 时区 ×× 授时服务器 ×ד积木，配置时区和授时服务器。

② 定义列表。使用"定义列表 ×× = 初始化列表 [××]"积木，定义一个名为 week 的列表，初始化列表中的项为一、二、三、四、五、六、日。

小贴士

程序可以直接调用已定义的列表中的项。列表中的项需要分别放在单引号内，并用逗号隔开。此处需要注意的是，要用英文输入法状态下的单引号和逗号。

③ 定义函数。使用"定义函数 ×× 参数：x 返回"积木和"测试如果为真 如果为假"积木，定义函数 shuzi，设日期和时间中的数字

为 x，如果 x 小于 10，则返回 0x；如果 x 不小于 10，则返回 x。如 2024 年 1 月 20 日中的 1，会返回 01，20 会返回 20。

④ 显示年月日、星期、时间、声音值和光线值。使用"显示文本 x × × y × × 内容 × × 模式 × × × ×"积木和"本地时间 × ×"积木，设置在不同的位置显示不同的信息。显示时，年月日之间用"/"分隔，时间之间用"："分隔。因为不能直接显示声音值、光线值，以及网络授时得到的信息，所以要使用"转为文本"积木将它们转为文本。

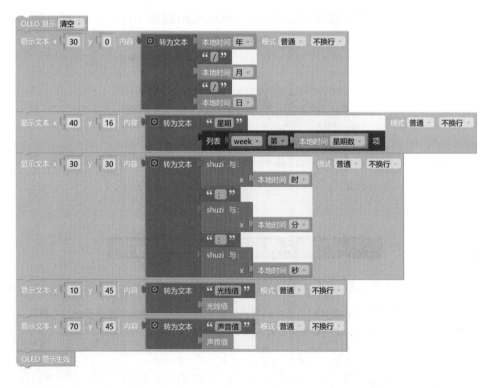

⑤ 实现警报功能。使用"如果 否则如果 否则"积木设置声光警报的条件，当声音值大于 1000（阈值）时，RGB 灯全部亮红色，播放

提示音；当光线值大于 500（阈值）时，RGB 灯全部亮黄色，播放提示音。我们可以使用"播放音符 音符 ×× 节拍 ×× 引脚 ××"积木设置不同的提示音。

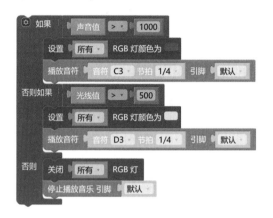

> **小贴士**
>
> 声音值和光线值是由掌控板上的声音传感器和光线传感器测得的，值的范围均是 0 ~ 4095。不同厂家的传感器各有差异，返回值也因此可能存在差异，使用时可以根据实际情况，修改程序。

 参考程序

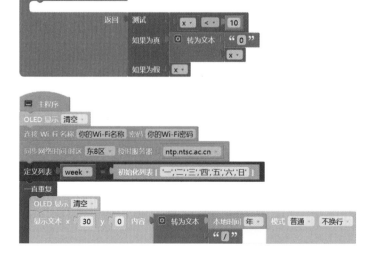

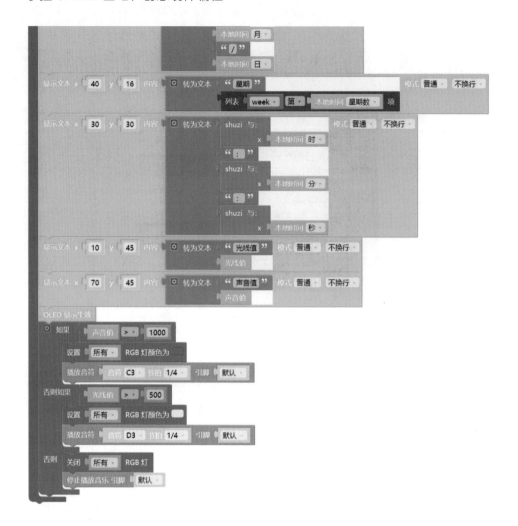

　　由于地球自西向东自转，不同地理位置的日出日落时间存在差异。为了协调这种差异，避免时间表达混乱带来的不便，人们将地球表面按照经度划分为若干个区域，每个区域都有一个统一的时间标准，这就是时区。

　　全球共分为 24 个时区，以本初子午线（即 0° 经线）为基准，向东向西各划分 12 个时区，每个时区横跨经度 15°。每个时区以中央经线的地方时作为该时区的统一时间，称为区时。

　　值得注意的是，虽然全球划分为 24 个时区，但并非所有国家和地区都严格遵循这一制度。有些国家为了政治、经济或文化等方面的需要，可能会采用特殊的时区设置，如中国的北京时间（东八区）实际上涵盖了多个省份和自治区。此外，随着全球化和信息技术的发展，时区制度也在不断地适应和变化中。

脑洞大开

　　我们已经知道怎么使用网络授时了。那如何应用网络授时实现定时开灯和关灯的功能呢？

进阶我会用　**整点灯光秀**

　　叮咚，整点啦，光环板上的 24 个 RGB 灯依次亮起，待全部亮起时出现彩虹灯效，最后 24 个 RGB 灯依次熄灭，结束灯光秀。

　　我们使用准备清单中的材料和软件，一起实现声光监测时钟的整点灯光秀吧！

准备清单

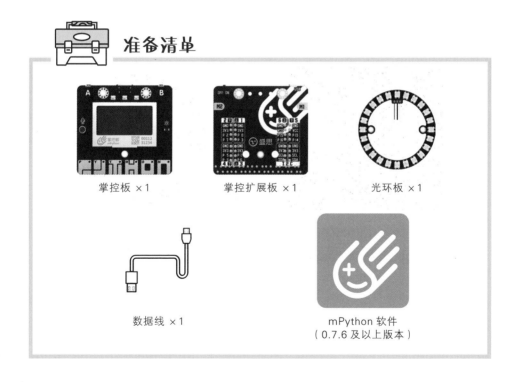

掌控板 ×1　　　　　　　掌控扩展板 ×1　　　　　　光环板 ×1

数据线 ×1　　　　　　　mPython 软件
　　　　　　　　　　　（0.7.6 及以上版本）

快速指引

① 连接光环板。

② 设置光环板的开启条件。

③ 依次亮起 24 个 RGB 灯。

④ 实现彩虹灯效。

⑤ 关闭光环板。

 操作步骤

① 连接光环板。根据正确的引脚对应关系，将掌控板和掌控扩展板插在一起，并将光环板连接至掌控扩展板的 P15 引脚；使用"灯带初始化 名称 ×× 引脚 ×× 数量 ××"积木连接 P15 引脚。

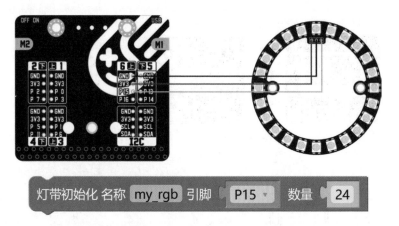

灯带初始化 名称 `my_rgb` 引脚 `P15` 数量 `24`

小贴士

光环板上有 24 个 RGB 灯，我们将接线处 RGB 灯的编号记为 0，其余 RGB 灯的编号顺时针增加。因为光环板上的 RGB 灯只有亮和灭两种状态，所以将光环板连接到掌控扩展板的数字引脚上。掌控扩展板上可用的数字引脚有 P8、P13、P14、P15、P16，此处我们将它连接在 P15 引脚上。

---

② 设置光环板的开启条件。使用"如果 否则"积木，并设置光环板的开启条件为网络授时的分为 0，即整点。

③ 依次亮起 24 个 RGB 灯。使用"将变量 ×× 设定为"积木，新建用于表示 RGB 灯编号的变量 i，并设初始值为 0；使用"使用 ×× 从范围 ×× 到 ×× 每隔 ××"积木，编写循环结构。这个循环结构从变量 i 为 0 开始，每次循环以随机颜色点亮对应编号的 RGB 灯，然后变量 i 的值增加 1，继续循环，直到 i 大于 23，结束循环。

④ 实现彩虹灯效。使用"将变量 ×× 设定为"积木，新建用于改变 RGB 灯颜色的变量 light，并设初始值为 0；使用"重复 ×× 次"积木，编写循环结构。这个循环结构会重复执行 500 次，每次循环，变量 light 的值会增加 1，程序以变量 light 的值改变 RGB 灯的颜色，实现彩虹灯效。

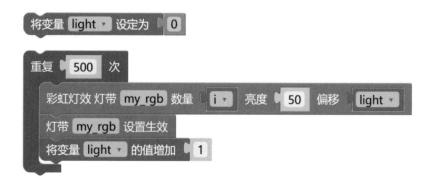

⑤ 关闭光环板。使用"使用××从范围××到××每隔××"
积木，编写循环结构，在实现彩虹灯效后依次熄灭光环板上的 RGB 灯。

小贴士

　　将①~⑤的程序与声光监测时钟的程序结合到一起，就可以实现声光监测时钟整点灯光秀了！

 参考程序

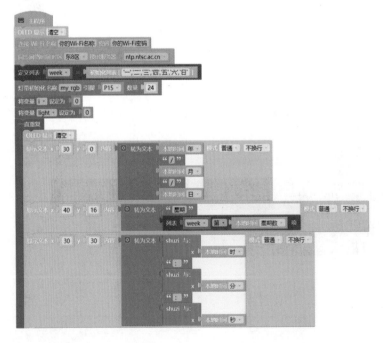

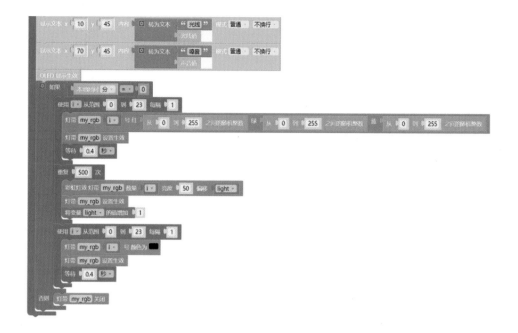

掌控绘画

绘画，作为一门源远流长的艺术形式，如今已随着科技的蓬勃发展，迎来了崭新的篇章。通过计算机的辅助，绘画实现了无纸化、数字化的创作与保存。我们一同使用掌控板开始绘画吧！

基础我来学　绘制花朵

我们先使用准备清单中的材料和软件，一起绘制花朵吧！每当按下一次按键 A，就会在 OLED 显示屏上绘制 1 片花瓣，重复此操作直至绘制出 4 片花瓣，一个花朵便绘制完成了。

 准备清单

掌控板 ×1

数据线 ×1

mPython 软件
（0.7.6 及以上版本）

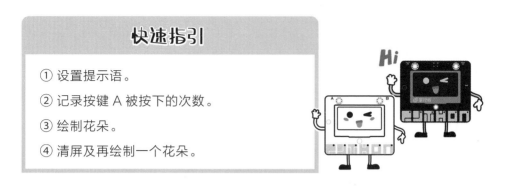

快速指引

① 设置提示语。

② 记录按键 A 被按下的次数。

③ 绘制花朵。

④ 清屏及再绘制一个花朵。

 操作步骤

① 设置提示语。使用"重复直到"积木，设置在按键 A 被按下前，OLED 显示屏显示提示语"按下 A 键，绘制花朵"，当按键 A 被按下时，跳出循环，不再显示提示语。

```
重复直到    按键 A    已经按下
  OLED 显示 清空
  显示文本 x  15  y  25  内容 " 按下A键，绘制花朵 "  模式 普通  不换行
  OLED 显示生效
OLED 显示 清空
```

② 记录按键 A 被按下的次数。新建用于表示按键 A 被按下次数的变量 a，并设其初始值为 0。每当按键 A 被按下，变量 a 的值增加 1。长按按键 A 可能会导致变量 a 的值不停增加，为了避免发生这种情况，使用"重复当"积木循环空指令。

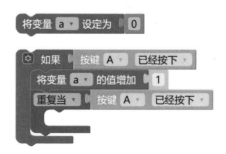

③ 绘制花朵。绘制一朵有 4 片花瓣的花，我们让每片花瓣在

OLED显示屏的中心相交，即当变量a为1时，以（64, 17）为圆心，半径为15像素，画一个圆；当变量a为2时，以（49, 32）为圆心，半径为15像素，画一个圆；当a为3时，以（64, 47）为圆心，半径为15像素，画一个圆；当a为4时，以（79, 32）为圆心，半径为15像素，画一个圆，4个圆在（64, 32）相交。

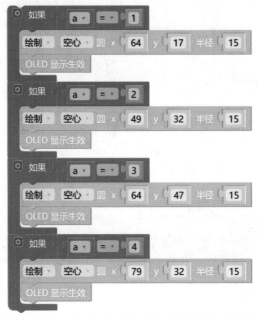

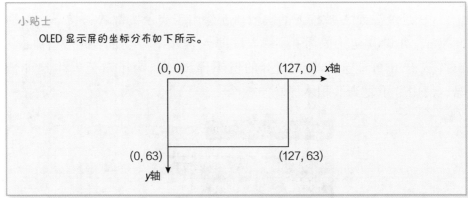

④ 清屏及再绘制一个花朵。当变量a为5时，清空OLED显示屏；当变量为6时，重新给变量a赋值为1。

```
⚙ 如果        a ▾  = ▾    5
    OLED 显示  清空 ▾
```

```
⚙ 如果        a ▾  = ▾    6
    将变量 a ▾  设定为   1
```

参考程序

```
🖥 主程序
将变量 a ▾  设定为   0
重复直到 ▾   按键 A ▾  已经按下 ▾
    OLED 显示  清空 ▾
    显示文本 x  15  y  25  内容  " 按下A键，绘制花朵 "  模式  普通 ▾  不换行 ▾
    OLED 显示生效

OLED 显示  清空 ▾
一直重复
    ⚙ 如果    按键 A ▾  已经按下 ▾
        将变量 a ▾  的值增加   1
        ⚙ 如果    a ▾  = ▾   6
            将变量 a ▾  设定为   1
        重复当 ▾   按键 A ▾  已经按下 ▾

    ⚙ 如果    a ▾  = ▾   1
        绘制 ▾  空心 ▾  圆 x  64  y  17  半径  15
        OLED 显示生效

    ⚙ 如果    a ▾  = ▾   2
        绘制 ▾  空心 ▾  圆 x  49  y  32  半径  15
        OLED 显示生效

    ⚙ 如果    a ▾  = ▾   3
```

绘制 空心 圆 x 64 y 47 半径 15

OLED 显示生效

如果 a = 4

绘制 空心 圆 x 79 y 32 半径 15

OLED 显示生效

如果 a = 5

OLED 显示 清空

脑洞大开

思考一下如何使用掌控板绘制自己喜欢的图案？

进阶我会用 绘画板

使用按键 A、按键 B、触摸键 P、触摸键 N 控制 OLED 显示屏上的光标上下左右移动，使用触摸键 Y 绘画。

我们使用准备清单中的材料和软件，一起制作绘画板吧！

准备清单

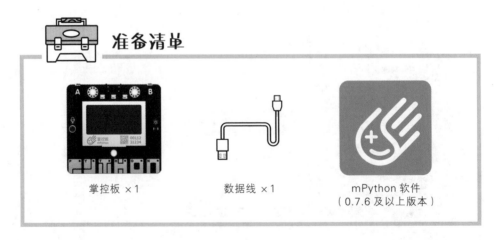

掌控板 ×1   数据线 ×1   mPython 软件
                                    （0.7.6 及以上版本）

快速指引

① 设置提示语。

② 设置光标和画笔。

③ 实现按键 A 的功能。

④ 实现按键 B 的功能。

⑤ 实现触摸键 P 的功能。

⑥ 实现触摸键 N 的功能。

⑦ 实现触摸键 Y 的功能。

 操作步骤

① 设置提示语。使用"重复直到"积木，设置在按键 A、按键 B、触摸键 P、触摸键 N 被按下前，OLED 显示屏显示提示语"按下 A 键上移""按下 B 键下移""按下 P 键左移""按下 N 键右移"。当上述按键或触摸键被按下时，跳出循环，不再显示提示语。

② 设置光标和画笔。新建用于表示光标位置的变量 X 和变量 Y，并设它们的初始值为 0；新建用于表示画笔位置的变量 TX 和变量 TY，并分别设它们的初始值为 128 和 64；使用"一直重复"积木和"描点 x × × y × × 状态 × ×"积木，设置光标和画笔位置的像素是亮的。

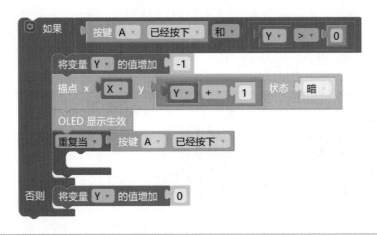

将变量 X 设定为 0
将变量 Y 设定为 0
将变量 TX 设定为 128
将变量 TY 设定为 64

一直重复
描点 x X y Y 状态 亮
描点 x TX y TY 状态 亮
OLED 显示生效

小贴士
画笔位置的像素是常亮的。刚开始使用时，因为用户还没开始绘画所以将画笔的位置设置在 OLED 显示屏外。

③ 实现按键 A 的功能。当按键 A 被按下且变量 Y 的值大于 0 时，光标向上移动，即变量 X 的值保持不变，而变量 Y 的值减少 1。同时，需要将按下按键 A 前亮过的光标熄灭（状态为"暗"）。因为此时的变量 Y 已经被赋值为 Y−1，所以刚刚亮过的光标的坐标为（X, Y+1）。

如果 按键 A 已经按下 和 Y > 0
  将变量 Y 的值增加 -1
  描点 x X y Y + 1 状态 暗
  OLED 显示生效
  重复当 按键 A 已经按下

否则 将变量 Y 的值增加 0

小贴士
变量 Y 的值小于等于 0 时，无法再上移。

④ 实现按键 B 的功能。当按键 B 被按下且变量 Y 的值小于 63 时，光标向下移动，即变量 X 的值保持不变，而变量 Y 的值增加 1。同理，需要将按下按键 B 前亮过的光标熄灭，即熄灭坐标为（X, Y−1）的像素。

⑤实现触摸键 P 的功能。当触摸键 P 被按下且变量 X 的值大于 0 时，光标向左移动，即变量 Y 的值保持不变，而变量 X 的值减少 1。同理，需要将按下触摸键 P 前亮过的光标熄灭，即熄灭坐标为（X+1, Y）的像素。

⑥实现触摸键 N 的功能。当触摸键 N 被按下且变量 X 的值小于 127 时，光标向右移动，即变量 Y 的值保持不变，而变量 X 的值增加 1。同理，需要将按下触摸键 N 前亮过的光标熄灭，即熄灭坐标为（X–1, Y）的像素。

⑦ 实现触摸键 Y 的功能。当触摸键 Y 被按下时，将当前光标的横纵坐标分别赋值给变量 TX 和 TY，并设置坐标为（TX, TY）的像素的状态为"亮"。这样操作，即使光标移动到其他位置，也不会影响该像素的点亮状态，即实现了绘画效果。

 参考程序

OLED 显示 清空

一直重复
  描点 x X y Y 状态 亮
  描点 x TX y TY 状态 亮
  OLED 显示生效
  如果　按键 A 已经按下 和 Y > 0
    将变量 Y 的值增加 -1
    描点 x X y Y + 1 状态 暗
    OLED 显示生效
    重复当　按键 A 已经按下
  否则　将变量 Y 的值增加 0
  如果　按键 B 已经按下 和 Y < 63
    将变量 Y 的值增加 1
    描点 x X y Y - 1 状态 暗
    OLED 显示生效
    重复当　按键 B 已经按下
  否则　将变量 Y 的值增加 0
  如果　触摸键 P 已经按下 和 X > 0
    将变量 X 的值增加 -1
    描点 x X + 1 y Y 状态 暗
    OLED 显示生效
    重复当　触摸键 P 已经按下
  否则　将变量 X 的值增加 0
  如果　触摸键 N 已经按下 和 X < 127
    将变量 X 的值增加 1
    描点 x X - 1 y Y 状态 暗
    OLED 显示生效
    重复当　触摸键 N 已经按下
  否则　将变量 X 的值增加 0
  如果　触摸键 Y 已经按下
    将变量 TX 设定为 X
    将变量 TY 设定为 Y
  描点 x TX y TY 状态 亮
  OLED 显示生效

97

第 **11** 课

游戏大作战

适度地参与一些有益的游戏，不仅能锻炼我们的脑力，还能提升我们的身体协调能力。你是否曾对游戏的制作过程感到好奇？是否有一刻心血来潮，想要亲手设计一款属于自己的游戏？那么，就让我们一起制作两款游戏，深入探索游戏背后的编程原理和创作过程吧！

基础我来学 手速大比拼

我们使用准备清单中的材料和软件，一起制作"手速大比拼"游戏吧！触摸触摸键 P 开始游戏。在游戏中，OLED 显示屏会显示两个柱状条，分别代表两方玩家。当玩家按下按键 A 或按键 B 时，对应的柱状条会从底部开始逐渐向上填充白色。如果左边的柱状条先充满白色，则代表玩家 A 胜利；如果右边的柱状条先充满白色，则代表玩家 B 胜利。

准备清单

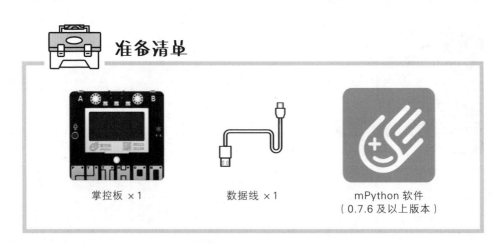

掌控板 ×1   数据线 ×1   mPython 软件
                                    （0.7.6 及以上版本）

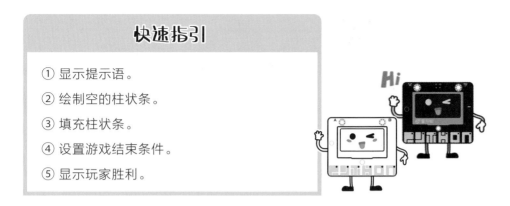

快速指引

① 显示提示语。

② 绘制空的柱状条。

③ 填充柱状条。

④ 设置游戏结束条件。

⑤ 显示玩家胜利。

 操作步骤

① 显示提示语。在游戏开始前，使 OLED 显示屏显示提示语"触摸 P 键开始游戏"。

OLED 显示	清空

| 显示文本 x | 19 | y | 24 | 内容 | " 触摸P键开始游戏 " | 模式 | 普通 | 不换行 |

| OLED 显示生效 |

② 绘制空的柱状条。使用"OLED 显示 ××"积木、"柱状条 ×× x ×× y ×× 宽 ×× 高 ×× 进度 ××"积木、"OLED 显示生效"积木，在 OLED 显示屏上绘制两个柱状条。

③ 填充柱状条。新建用于表示按键 A 和按键 B 被按下的次数的变量 a 和变量 b。当按键 A 和按键 B 被按下时，变量 a 和变量 b 的值增加 1。将变量 A 和变量 B 作为"柱状条 ×× x ×× y ×× 宽 ×× 高 ×× 进度 ××"积木中"进度"的值，使柱状条的进度随按下按键次数的增加而增加。

```
OLED 显示 清空
柱状条 垂直 x 40 y 20 宽 12 高 40 进度 a
柱状条 垂直 x 88 y 20 宽 12 高 40 进度 b
OLED 显示生效
如果 按键 A 已经按下
    将变量 a 的值增加 1
    重复当 按键 A 已经按下

如果 按键 B 已经按下
    将变量 b 的值增加 1
    重复当 按键 B 已经按下
```

④ 设置游戏结束条件。当变量 a 和变量 b 等于 100 时，两个柱状条充满白色，因此设置当其中一个变量大于 100 时，结束游戏，跳出循环。

⑤ 显示玩家胜利。结束游戏 100 毫秒后，显示玩家胜利的信息，如果是变量 a 大于 100，则显示"玩家 A 胜利"；如果是变量 b 大于 100，则显示"玩家 B 胜利"。

```
等待 100 毫秒
如果 a > 100
    OLED 显示 清空
    显示文本 x 44 y 24 内容 " 玩家A胜利 " 模式 普通 不换行
如果 b > 100
    OLED 显示 清空
    显示文本 x 44 y 24 内容 " 玩家B胜利 " 模式 普通 不换行
OLED 显示生效
```

参考程序

```
主程序
OLED 显示 [清空 ▾]
显示文本 x [19] y [24] 内容 " 触摸P键开始游戏 " 模式 [普通 ▾] [不换行 ▾]
OLED 显示生效
```

```
当触摸键 [P ▾] 被 [触摸 ▾] 时
将变量 [a ▾] 设定为 [0]
将变量 [b ▾] 设定为 [0]
重复直到 ▾   [a ▾] [> ▾] [100] 或 [b ▾] [> ▾] [100]
    OLED 显示 [清空 ▾]
    柱状条 [垂直 ▾] x [40] y [20] 宽 [12] 高 [40] 进度 [a ▾]
    柱状条 [垂直 ▾] x [88] y [20] 宽 [12] 高 [40] 进度 [b ▾]
    OLED 显示生效
    如果 [按键 A ▾] [已经按下 ▾]
        将变量 [a ▾] 的值增加 [1]
        重复当 ▾ [按键 A ▾] [已经按下 ▾]

    如果 [按键 B ▾] [已经按下 ▾]
        将变量 [b ▾] 的值增加 [1]
        重复当 ▾ [按键 B ▾] [已经按下 ▾]

等待 [100] [毫秒 ▾]
如果 [a ▾] [> ▾] [100]
    OLED 显示 [清空 ▾]
    显示文本 x [44] y [24] 内容 " 玩家A胜利 " 模式 [普通 ▾] [不换行 ▾]
如果 [b ▾] [> ▾] [100]
    OLED 显示 [清空 ▾]
    显示文本 x [44] y [24] 内容 " 玩家B胜利 " 模式 [普通 ▾] [不换行 ▾]
OLED 显示生效
```

脑洞大开

　　"手速大比拼"游戏是应用变量值递增的原理制作的。思考一下应用变量随机改变的原理可以制作什么游戏。

进阶我会用　石头剪刀布

　　石头剪刀布是一款非常经典的游戏，玩家在同一时间做出石头、剪刀、布的手势，然后根据游戏规则判断胜负。

　　我们使用准备清单中的材料和软件，一起制作"石头剪刀布"游戏吧！当玩家触摸触摸键 P 时，开始/重置游戏。当玩家按下按键 A 和按键 B 时，屏幕上的左右两侧会随机出现石头、剪子、布的图像，玩家根据屏幕上的图案自行判断胜负。

准备清单

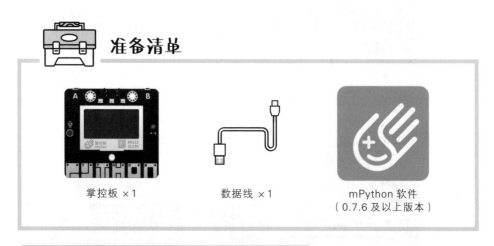

掌控板 ×1　　　　　数据线 ×1　　　　　mPython 软件
（0.7.6 及以上版本）

快速指引

① 设置提示语。

② 新建变量。

③ 设置游戏开始/复位条件。

④ 根据变量显示图像。

操作步骤

① 设置提示语。设置在游戏开始前，OLED 显示屏显示提示语 "触摸 P 键开始 / 重置游戏"。

② 新建变量。新建用于表示 1 ~ 3 的随机整数的变量 a 和变量 b，并设它们的初始值为 0。

③ 设置游戏开始 / 复位条件。使用 "如果" 积木，设置 "触摸键 P 已经按下" 时，随机生成两个 1 ~ 3 的整数并分别赋值给变量 a 和变量 b。

④ 根据变量显示图像。当按键 A 或按键 B 被按下时，根据变量 a 或变量 b 的值显示图像，如果值为 1，则显示内置图像 "剪子"；如果值为 2，则显示内置图像 "石头"；如果值为 3，则显示内置图像 "布"。

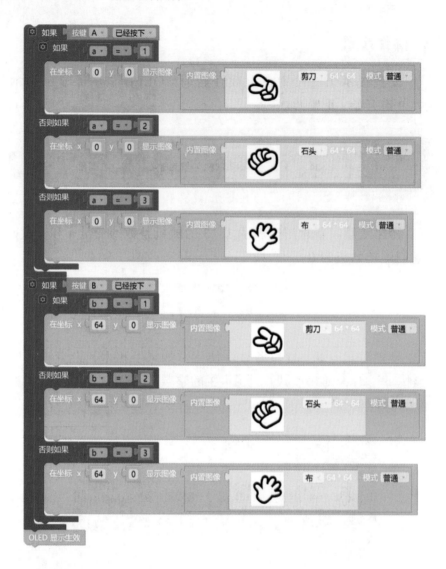

参考程序

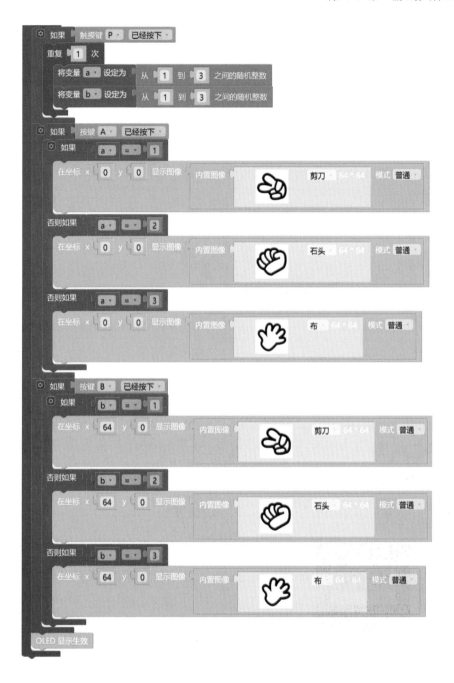

我的游戏我做主

我们还能用掌控板制作哪些游戏呢？结合前几课所学的知识，我们继续来探索吧！

基础我来学 | 节奏大师

节奏大师的玩法是多个字母随机且不间断地从 OLED 显示屏的上方掉落，玩家必须在字母消失前，即字母在有效区域（得分区域）内，按下对应的触摸键，才能获取分数。此外，给游戏添加音效，增强玩家的游戏体验。

我们使用准备清单中的材料和软件，一起制作节奏大师吧！

准备清单

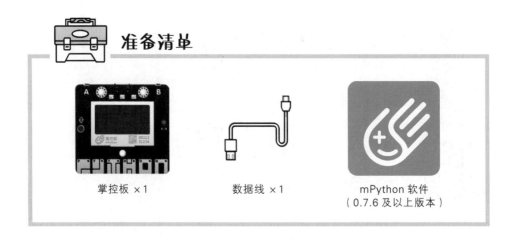

掌控板 ×1　　　数据线 ×1　　　mPython 软件
（0.7.6 及以上版本）

快速指引

① 设置提示语。

② 随机掉落字母。

③ 设置游戏的得分区域。

④ 设置游戏效果。

⑤ 增加背景音乐。

 操作步骤

① 设置提示语。在游戏开始前，OLED 显示屏先显示提示语"横线以下为得分区域"，再显示提示语"按下 A 键开始游戏"。使用"重复直到"积木，设置当"按键 A 已经按下"时，不再显示提示语。

② 随机掉落字母。新建用于表示掉落字母的变量 NR，并设其初始值为空；新建用于表示字母横坐标的变量 X，并设其初始值为 0；定义列表 my_list，设列表中的项为 P、Y、T、H、O、N。使用"列表 ×× 第 ×× 项"积木和"从 ×× 到 ×× 之间的随机整数"积木，将列表中的项随机赋值给变量 NR，以得到一个随机的字母。然后使用"从 ×× 到 ×× 之间的随机整数"积木随机生成 1 个 3 ~ 120 的整数作为字母的横坐标。再使用"使用 ×× 从范围 ×× 到 ×× 每隔

××"积木和"从 ×× 到 ×× 之间的随机整数"积木，设置表示字母纵坐标的变量 j 的值，在"从 1 到 3 之间的随机整数"到"64"之间，每隔"从 1 到 3 之间的随机整数"变化，以实现字母按随机速度掉落的效果。最后使用"显示文本 x ××× y ×× 内容 ×× 模式 ×× ××"积木和"OLED 显示生效"积木，将随机掉落的字母显示在 OLED 显示屏上。

③ 设置游戏的得分区域。使用"×× ×× 线 x ××× y ×× 长度 ××"积木，绘制一条长 128 像素，纵坐标为 48 的水平线。设横坐标为 0~127，纵坐标为 48~63 的区域为得分区域。

④ 设置游戏效果。新建用于存储分值的变量 df，并设其初始值为 0。当随机掉落的字母进入得分区域且玩家按下了对应的触摸键时，所有 RGB 灯亮绿光 80 毫秒，变量 df 的值增加 1；当玩家按下了非对应的触摸键或未在得分区域内按下对应的触摸键时，所有 RGB 灯亮红光 80 毫秒，并播放提示音。此处仅展示在随机掉落的字母为 P 时的程序。

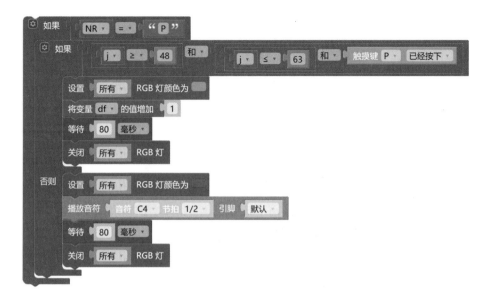

⑤ 增加背景音乐。使用"播放音乐 ×× 等待 ×× 循环 ×× 引脚 ××"积木循环播放 mPython 软件内置的音乐"ODE"。

小贴士

勾选"播放音乐 ×× 等待 ×× 循环 ×× 引脚 ××"积木中的"等待",程序会在播完这首歌后再执行下面的积木;不勾选"等待",程序会在播放音乐的同时,执行下面的积木。此外,勾选"循环",会循环播放音乐;不勾选"循环",会仅播放一遍音乐。

 参考程序

OLED 显示 清空

重复直到 按键 A 已经按下
OLED 显示 清空
显示文本 x 20 y 20 内容 " 按下A键开始游戏 " 模式 普通 不换行
OLED 显示生效

OLED 显示 清空

一直重复
播放音乐 ODE 等待 循环 ✓ 引脚 默认
绘制 水平 线 x 0 y 48 长度 128
将变量 X 设定为 从 3 到 120 之间的随机整数
将变量 NR 设定为 列表 my_list 第 从 0 到 5 之间的随机整数 项
使用 j 从范围 从 1 到 3 之间的随机整数 到 64 每隔 从 1 到 3 之间的随机整数
显示文本 x X y j 内容 NR 模式 普通 不换行
OLED 显示生效

如果 NR = " P "
如果 j ≥ 48 和 j ≤ 63 和 触摸键 P 已经按下
设置 所有 RGB 灯颜色为
将变量 df 的值增加 1
等待 80 毫秒
关闭 所有 RGB 灯
否则 设置 所有 RGB 灯颜色为
播放音符 音符 C4 节拍 1/2 引脚 默认
等待 80 毫秒
关闭 所有 RGB 灯

如果 NR = " Y "
如果 j ≥ 48 和 j ≤ 63 和 触摸键 Y 已经按下
设置 所有 RGB 灯颜色为
将变量 df 的值增加 1
等待 80 毫秒
关闭 所有 RGB 灯
否则 设置 所有 RGB 灯颜色为

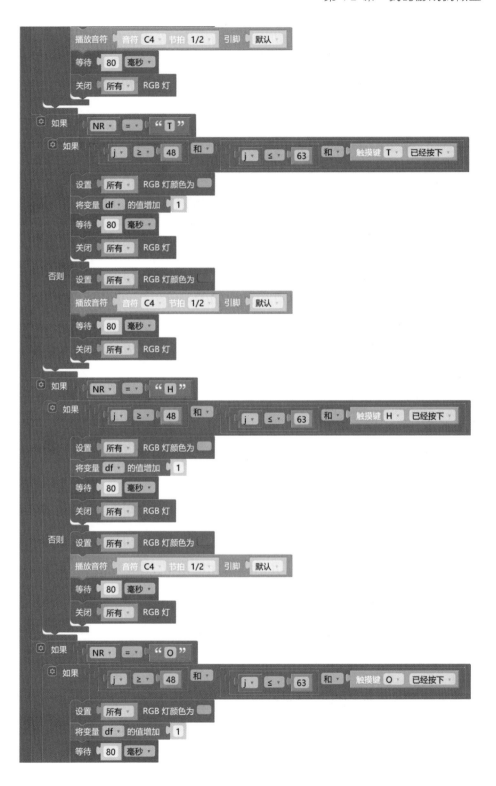

关闭 | 所有 ▼ | RGB 灯

否则 | 设置 | 所有 ▼ | RGB 灯颜色为 ▢

播放音符 | 音符 C4 ▼ | 节拍 1/2 ▼ | 引脚 | 默认 ▼

等待 | 80 | 毫秒 ▼

关闭 | 所有 ▼ | RGB 灯

⚙ 如果 | NR ▼ | = ▼ | "N"

⚙ 如果 | j ▼ | ≥ ▼ | 48 | 和 ▼ | j ▼ | ≤ ▼ | 63 | 和 ▼ | 触摸键 N ▼ | 已经按下 ▼

设置 | 所有 ▼ | RGB 灯颜色为 ▢

将变量 df ▼ 的值增加 | 1

等待 | 80 | 毫秒 ▼

关闭 | 所有 ▼ | RGB 灯

否则 | 设置 | 所有 ▼ | RGB 灯颜色为 ▢

播放音符 | 音符 C4 ▼ | 节拍 1/2 ▼ | 引脚 | 默认 ▼

等待 | 80 | 毫秒 ▼

关闭 | 所有 ▼ | RGB 灯

绘制 ▼ | 水平 ▼ | 线 x | 0 | y | 48 | 长度 | 128

OLED 显示生效

小贴士

使用"一直重复"积木循环实现随机掉落字母等功能。

脑洞大开

你知道如何实现游戏的在线比拼功能吗？

进阶我会用　节奏大师在线比拼

节奏大师在线比拼功能允许两个玩家进行比拼，比拼通过比较最终得分来决出胜负，OLED 显示屏会显示对战结果和我方得分。这个功能是在节奏大师的基础上升级而来的，玩家通过按下按键 B 进行比拼。为了实现这一功能，我们需要增加相应的程序。

我们使用准备清单中的材料和软件，一起实现节奏大师在线比拼功能吧！

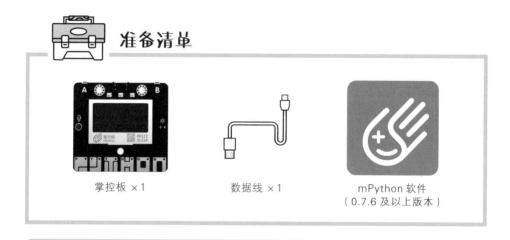

准备清单

掌控板 ×1　　　　　数据线 ×1　　　　　mPython 软件
（0.7.6 及以上版本）

快速指引

① 设置进行在线比拼的条件。

② 发送我方得分。

③ 接收他方得分。

④ 比较得分，显示对战结果和我方得分。

 操作步骤

① 设置进行在线比拼的条件。使用"当按键 ×× 被 ×× 时"积木，设置当按键 B 被按下时，进行在线比拼。

② 发送我方得分。使用"×× 无线广播"积木、"设无线广播 频道为 ××"积木和"无线广播 发送 ××"积木，打开无线广播功能，设无线广播频道为 11（玩家在此频道进行比拼），发送我方得分。

小贴士

无线广播发送的信息为字符串类型，所以需要将变量 df 转为文本。

③ 接收他方得分。使用"收到的无线广播"积木，接收无线广播频道同为 11 的他方得分。

收到的无线广播消息

④ 比较得分，显示对战结果和我方分数。使用"如果 否则如果 否则"积木，设置不同对比结果下要执行的指令。当他方得分小于我方得分时，显示我方得分和"我赢了"；当他方得分等于我方得分时，显示我方得分和"平局"；当他方得分大于我方得分时，显示我方得分和"下次加油"。

```
            等待  5  秒▼
            复位

  否则   OLED 显示 清空▼
        坐标 x  50   y  15   显示   ⟲ 转为文本  df▼   仿数码管 11像素▼   不换行▼
        显示文本 x  40   y  40   内容  " 下次加油 "   模式 普通▼   不换行▼
        OLED 显示生效
            等待  5  秒▼
            复位
```

参考程序

```
☰  主程序
将变量 NR▼ 设定为   空
将变量 X▼ 设定为  0
将变量 df▼ 设定为  0
定义列表 my_list▼  =  初始化列表 [ 'P', 'Y', 'T','H','O','N' ]
OLED 显示 清空▼
显示文本 x  10   y  20   内容  " 横线以下为得分区域 "   模式 普通▼   不换行▼
OLED 显示生效
等待  2  秒▼
OLED 显示 清空▼
重复直到▼    按键 A▼ 已经按下▼
  OLED 显示 清空▼
  显示文本 x  20   y  20   内容  " 按下A键开始游戏 "   模式 普通▼   不换行▼
  OLED 显示生效
OLED 显示 清空▼
一直重复
  播放音乐 ODE▼ 等待 ☐ 循环 ✓引脚   默认▼
  绘制   水平▼ 线 x  0   y  48   长度  128
  将变量 X▼ 设定为   从  3  到  120  之间的随机整数
  将变量 NR▼ 设定为   列表 my_list▼ 第▼  从  0  到  5  之间的随机整数  项
  使用 j 从范围  从  1  到  3  之间的随机整数  到  64  每隔  从  1  到  3  之间的随机整数
    显示文本 x  X▼   y  j▼   内容  NR▼   模式 普通▼   不换行▼
    OLED 显示生效
```

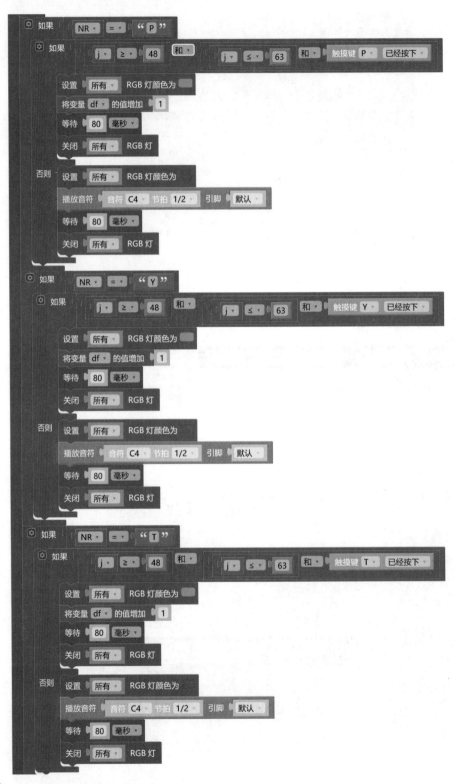

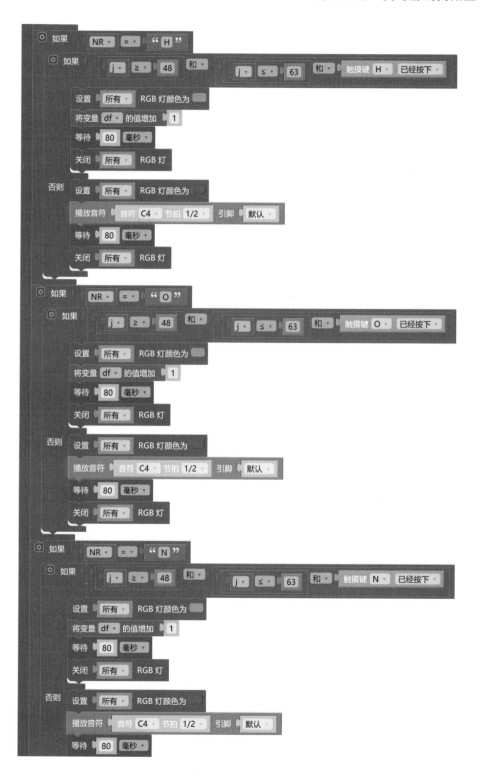

```
                关闭  所有   RGB 灯

      绘制  水平  线 x  0   y  48  长度  128
      OLED 显示生效
```

```
当按键 B  被 按下  时
打开 无线广播
设无线广播 频道为  11
无线广播 发送   转为文本   df
如果     收到的无线广播消息 <    转为文本   df
    OLED 显示 清空
    坐标 x  50  y  15  显示   转为文本   df  仿数码管 11像素  不换行
    显示文本 x  40  y  40  内容 " 我赢了 "  模式 普通  不换行
    OLED 显示生效
    等待  5  秒
    复位
否则如果   收到的无线广播消息 =    转为文本   df
    OLED 显示 清空
    坐标 x  50  y  15  显示   转为文本   df  仿数码管 11像素  不换行
    显示文本 x  40  y  40  内容 " 平局 "  模式 普通  不换行
    OLED 显示生效
    等待  5  秒
    复位
否则  OLED 显示 清空
    坐标 x  50  y  15  显示   转为文本   df  仿数码管 11像素  不换行
    显示文本 x  40  y  40  内容 " 下次加油 "  模式 普通  不换行
    OLED 显示生效
    等待  5  秒
    复位
```

118